JN025985

はじめに

　本書の内容を短く書けば、「プログラミングと少しの工夫で、やりたいことは何でもできる」というものです。目次を開けば、動脈硬化防止のための血管年齢診断から、遠くで輝く太陽の温度計測や、足もとにある日本列島の変形や地震解析まで……あらゆる分野を題材に"できる"ようにしていくのが本書です。

　プログラミングの主役として登場するのは、大流行中のPython。使いやすいJupyter Notebookの形で、すぐに試すことができるものがほとんどですから、動作を実感して楽しむことができます。さまざまなトピック——たとえば、自分だけの音楽シンセサイザー環境を作り上げたり、渋谷駅地下街を3次元的に眺めたり、芸能人の体型分析をしたり……そんなことをしていくうちに、「Pythonを使っていろんなことができる！」と実感するはずです。

　そして、あともう1つ。やりたいことが何でもできるようになるポイント、それは「少しの工夫」です。具体的に言えば、やりたいことをできるようにする「解き方」や「作戦」です。本書に詰まっているのは、広く使うことができる知識や科学を使うことで、解きたい問題を、簡単に解決する方法や実例です。数学や物理、音楽や工学……小学校から大学までに習っていく知識をうまく使えば、実現困難に思えることが驚くほど簡単にできたりします。そして、身の周りにあるものや100円ショップにある材料、あるいは誰もが手にするスマホを組み合わせるだけで、「やりたいことをできるようにする」強力な道具を作り上げたりもできるのです。

　つまり、本書を読んで手に入れることができるのは「Pythonプログラミング×知識や科学＝何でもできる」魔法のパスポートです。バラエティに富んだ題材を面白く読むうちに、いつの間にか「何でもできる」国の入り口に立っている、それが本書です。

2020年秋　平林純

本書の実験環境の作り方

>>> 生まれたのは1989年12月、最近大流行のPython言語

　近年、プログラミング言語の「Python」が幅広いジャンルで使われています。
1989年の12月に生まれたPythonは、

- 単純な文法
- 誰が書いても同じようなコードになり、他の人が書いたコードも自然に読み
  やすい構文ルール
- すぐ使える標準添付の便利なパッケージ(ライブラリ)[注1]

という特徴を武器に、データ分析や作業の自動化、さらには近頃大流行の機械
学習など、「まずはPythonで書いてみる」ことが多くなっています。

　本書でもPythonを使って、いろんな「面白いこと」を簡単に実現しています。

>>> AnacondaでPython環境を簡単に作る

　Pythonが大流行していても、「Pythonをまだ使ったことがない」という人も
いるはず。そこで、Python環境を簡単にインストールできるAnacondaで環
境を構築してみましょう。

　Anacondaを提供するAnaconda Inc.[注2]のWebサイトに行くと、個人向
けに無料の"Individual Edition"[注3]があります。64-Bit/32-BitそれぞれのOS
(Windows・macOS・Linux)向けに、

- 古いバージョンであるPython 2.7
- 現行バージョンのPython 3.x

注1)　「電池付き "Battery Included"」というキャッチフレーズの思想です。
注2)　**URL** https://www.anaconda.com
注3)　**URL** https://www.anaconda.com/products/individual

▼図1　各OS（64bit、32bit）用のAnacondaインストーラーをダウンロードできる

のインストーラーが用意されていて、それぞれダウンロードできます（図1）。

　本書では、現行バージョンであるPython 3.xを主に使います。そこで、Python 3.x用のインストーラー（Graphical Installer）をダウンロードして、インストールしましょう（図2）。

≫≫ 作業用仮想環境を作る

　Pythonにはさまざまなライブラリが用意されています。Anacondaをインストールすると、便利な追加ライブラリも同時にインストールされます。たとえば、ブラウザ上でPythonコードを書いたり、インタラクティブに実行したりすることができるJupyter Notebook（ジュピター　ノートブック）やJupyter Lab（ジュピター　ラボ）、グラフ（チャート）描画をすることができるmatplotlibや科学ライブラリのscipy（サイパイ）、データ処理を行うpandas（パンダス）……たくさんのライブラリがインストールされます。

　Anacondaについてくるコマンドcondaを、WindowsであればAnaconda Prompt（プロンプト）から、macOSであればターミナル（コマンドライン）から、

```
conda list
```

と実行すると（図3）、インストールされているライブラリの情報一覧が表示され、多くのライブラリがインストールされていることを確認できます。

　Anacondaには、たくさんのライブラリが標準で付属してきますが、「互換

▼図2　Windows 10（64bit）でのAnacondaインストール

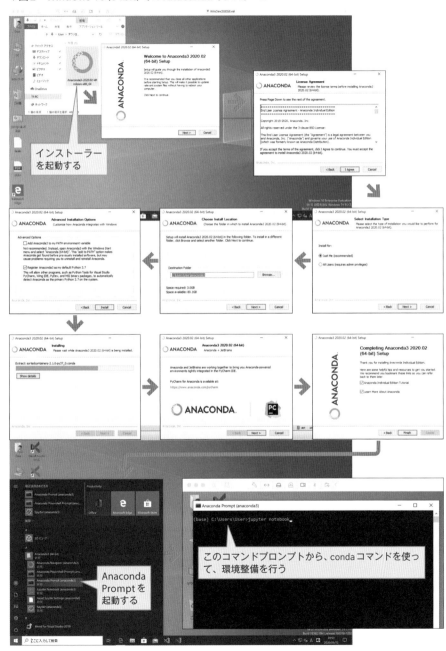

▼図3　Anaconda Prompt上でconda listを実行すると、インストールされているパッケージ
を確認できる

conda listコマンドで、イン
ストールされているパッケー
ジ（ライブラリ）の一覧を表示
させる

▼図4　仮想環境を作る

性などの理由から、使うラ
イブラリのバージョンを指定
してインストールしたい」「使
うライブラリを切り替えたい、

ライブラリのバージョンを切り替えたい」という状況も多いものです。そこで、
本書掲載のプログラムを試すための「仮想環境」を作ってみます。

　仮想環境というのは、「インストールするライブラリや、そのバージョン」を
「環境」として保存しておいて、用途に応じて「環境」を切り替えることができる
というものです。図4のようにcondaコマンドを使って、

```
conda create ---name sdbook
```

とすると、"sdbook"という名前の仮想環境が作られます。そして、

```
conda activate sdbook
```

と実行すれば、仮想環境"sdbook"に入る（有効にする）ことができます。もし、
その"sdbook"から出たければ、

```
conda deactive
```

と実行すると、標準環境に戻ることができます。

≫ 仮想環境に使いたいライブラリを追加していく

作ったばかりの作業環境 "sdbook" は、余計なライブラリがインストールされていない「キレイでまっさらな状態」です。そこで、conda コマンドを使って、必要なライブラリをインストールしていきましょう。

まず、仮想環境 "sdbook" に入ったうえで、念のために標準ライブラリを最新の状態にしておきます。

```
conda update --all
```

そして、本書で使うライブラリをインストールしていきます。

まず、画像処理や機械学習機能を簡単に使うことができる OpenCV (Open Source Computer Vision Library) というライブラリを Python から使うことができるようにしてみましょう。

Anaconda の追加ライブラリなどを検索できる ANACONDA CLOUD (https://anaconda.org/) ブラウザでアクセスして、[Search Anaconda Cloud] から、OpenCV と検索すると、用意されている関連ライブラリの一覧が表示されます (図5)。その最新版をクリックすると、

```
conda install -c conda-forge opencv
```

というように conda コマンドを実行すれば、OpenCV ライブラリをインストールできることがわかります。そこで、コマンドを実行し、[インストールする (y)] を選んでいくと、自動で簡単に OpenCV をインストールできます。

同じようにして、よく使う定番ライブラリを、

```
conda install jupyter
```

```
conda install scipy
```

```
conda install matplotlib
```

▼図5　condaコマンドでライブラリ（OpenCV）を追加する

```
conda install -c anaconda pandas
```

といった具合に、インストールしておきましょう。

≫≫ Jupyter Notebookでインタラクティブな開発をする

Python開発時には、ブラウザ上でインタラクティブにPython開発ができる、
Jupyter Notebookが便利です。Anaconda PromptやmacOSのターミナルから、

▼図6　インタラクティブなPython開発ができるJupyter Notebook

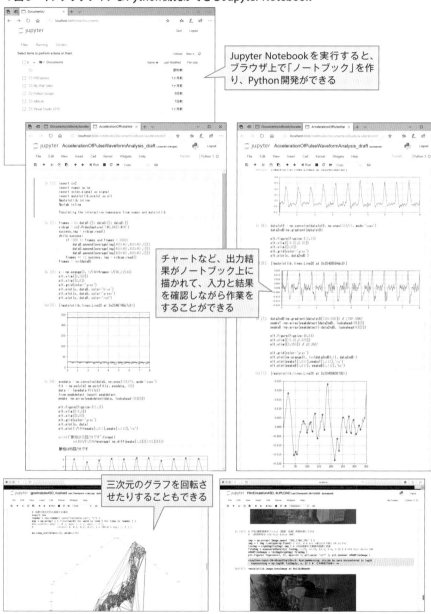

Jupyter Notebookを実行すると、ブラウザ上で「ノートブック」を作り、Python開発ができる

チャートなど、出力結果がノートブック上に描かれて、入力と結果を確認しながら作業をすることができる

三次元のグラフを回転させたりすることもできる

と実行すると、ブラウザが起動して、ブラウザ上でJupyter Notebookが使えるようになります(**図6**)。新しい「ノートブック」を作り、ノート上のセルにPythonコードを書き、そのセルで、 Shift + Enter とタイプすると、コードが実行されて結果がセル下部に出力されます。ノートブック上で、Pythonコードを書いたり、実行した結果のグラフや画像をノートブック上に出力させたり・作業メモを書いたりと、作業過程や結果を「ノート」にわかりやすく残すことができるのです。

本書で使われているコードも、ほとんどがJupyter Notebookで作成されています。また、本書のサポートページ(https://gihyo.jp/book/2020/978-4-297-11637-8)から、Jupyter Notebook形式のノートブックなどをダウンロードすることができます。

≫ iOSデバイス上で動くPython環境「Pythonista」について

本書では、さまざまなセンサを備えたスマホやタブレット、具体的にはApple社のiOSデバイス上で、Pythonを動かして遊ぶ話も含まれています。そこで使うのは、iOSデバイス上で動くPython環境であるPythonista[注4]です(**図7**)。Pythonistaは、通常は1,220円ほどの価格の有償ソフトですが、PythonでiOSを比較的自由に使うソフトウェアを書くこともできますし、Xcodeプロジェクトを自動生成することで、Apple Storeで配布できるアプリケーションを生成することもできるのです。……つまりは、iOSデバイスを持っている方であれば、Pythonistaを買って遊んでみることをお勧めします。Pythonistaでカスタマイズしたi OSデバイスで遊ぶのは、絶対に楽しくワクワクするはずです。

▼図7 Pythonista 3

注4) **URL** https://apps.apple.com/jp/app/pythonista-3/id1085978097

CONTENTS >> 目次

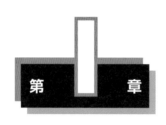

光の研究

1-1 スマホで血管年齢（動脈硬化）を診断してみる

動画の色分析で脈拍や血流変化を分析してみる

>>> 死亡原因の1/4を引き起こす動脈硬化!

　年をとると、体のさまざまな箇所の調子が悪くなります。その代表的なものが動脈硬化でしょう。なにしろ、脳血栓や心筋梗塞など、日本人の死亡原因の約1/4が動脈硬化により引き起こされているほどです（図1）。そこで、自分の健康・老化状態を把握するために、今回はスマートフォン（スマホ）で動脈硬化の程度、つまり血管年齢（老化程度）を調べてみます。

>>> 「血管の拡がり・縮み」をスマホで撮影!

　動脈硬化の程度を調べるためによく使われるのが「脈波センサ」です。脈波センサは、（光を当てた）指先から返ってくる光量で、脈波と呼ばれる血流量の変化を測定します。心臓からドクドクと送られる血液量に応じた「血管の拡がり・縮み」を解析し、血管の柔らかさなどを推定するしくみです。

　最近のスマホには、背面カメラの近くにライトが備えられているのが普通です。そこで、背面カメラとライトの配置関係を利用して、背面カメラを指先でつかみつつ、ライト点灯状態でカメラ撮影を行えば、脈波

▼図1　日本人の死因比率

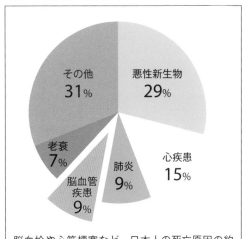

脳血栓や心筋梗塞など、日本人の死亡原因の約1/4を動脈硬化が引き起こしている（平成27年厚生労働省）

センサ同様の計測ができることになります（図2）。

まずは、スマホのライトを点灯状態にして、指先でカメラを覆って動画撮影をしてみます。その撮影動画をPythonのコード[注1]で読み込むと、赤・緑・青（RGB）各色の画素値の推移のうち、緑色の画素値に「脈拍を反映した血流・血管の変化」がとらえられていることがわかります（図3）。

脈波が緑色で見えやすい理由は、「血液中の赤血球に含まれるヘモグロビンが、適度に吸収する色が緑色だから」です。赤色はあまり吸収されず（だから、血は赤色に見えるのです）、カメラの光量調整の影響で画素値が飽和してしまいます。また、青色は吸収される量が多すぎて変化情報が得られにくいものです。その結果、緑色で「脈波が一番見えやすい」というわけです。

▼図2 スマホ脈波センシングのしくみ

血流量次第で、カメラに届く光の量が変わる（血の赤色を生み出すヘモグロビンが光を吸収するため、血流量とRGB光量は反比例する）

≫≫ 「血管の拡がり・縮み」をスマホで撮影する

それでは、緑画素値を使い解析を進めます。まず、10フレーム幅の移動平

注1) 使用コードは、本書のサポートページを参照。AccelerationOfPulseWaveformAnalysis ディレクトリに格納されています。

▼図3　ライト点灯状態で撮影した動画から脈波を検出する

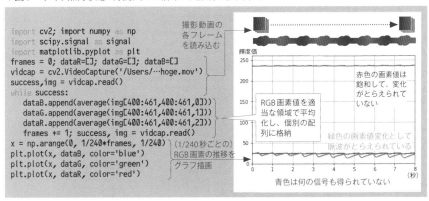

均でノイズ除去し、さらに（緩やかな輝度変化を多項式近似して減算することで）指の押さえズレなどによる影響も取り除きます（**図4**の**❶**）。さらに、ピーク検出注2も行ってグラフにした結果が**図4**の**❶**のグラフです。脈波＝血流量変化を確かにとらえることができています。

　ちなみに、ピーク抽出した結果の周期を使い、

```
print("脈拍は{}回/分です".format(
 int(60/(1/240*average( np.diff(peaks[:,0])[1:10))))))
```

などとしてみると、「脈拍は85回／分」ですと表示され脈拍数注3も検出できていることがわかります。

≫≫ 「血管の拡がり・縮み」を加速度脈波で解析・定量化

　次は、この血流量推移データを使い、「血管の柔軟さ＝血管がどれだけ鋭く伸び縮みの変化をしたか」を解析・定量化してみます。まず、脈波を微分すると「血管の伸び縮みの"速度"」がわかります（**図4**の**❷**のグラフ）。血管の伸び縮み「速度」を、さらにもう1回微分すると、「血管がどれだけ鋭く伸び縮みの変化をしたか」

注2）ピーク検出は、peakdetectライブラリ（**URL** https://gist.github.com/lorenzoriano/6126450）をPython 3.x対応させることで行っています。

注3）脈拍からウソ発見機を作ってみるのも面白いかもしれません。また、ビデオカメラで撮影した顔映像からも、色変化を分析することで、脈拍などは簡単に検出することができます。

▼図4　脈波を整形し、脈波の「加速度」を算出する手順と結果例

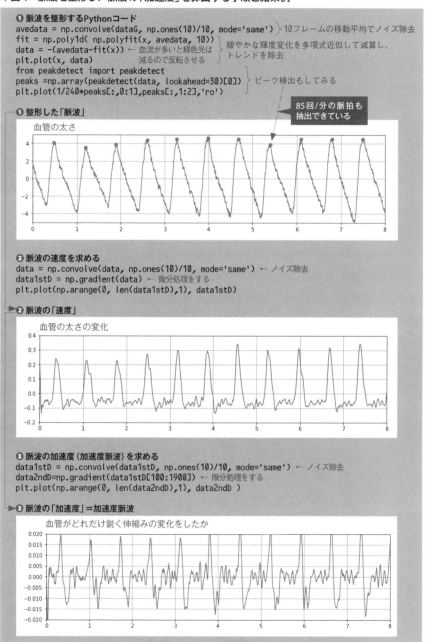

❶ 脈波を整形するPythonコード

```
avedata = np.convolve(dataG, np.ones(10)/10, mode='same')　〉10フレームの移動平均でノイズ除去
fit = np.poly1d( np.polyfit(x, avedata, 10))
data = -(avedata-fit(x))  ← 血流が多いと緑色光は        緩やかな輝度変化を多項式近似して減算し、
plt.plot(x, data)              減るので反転させる         トレンドを除去
from peakdetect import peakdetect
peaks =np.array(peakdetect(data, lookahead=30)[0])  〉ピーク検出もしてみる
plt.plot(1/240*peaks[:,0:1],peaks[:,1:2],'ro')
```

85回/分の脈拍も
抽出できている

❶ 整形した「脈波」

血管の太さ

❷ 脈波の速度を求める

```
data = np.convolve(data, np.ones(10)/10, mode='same')  ← ノイズ除去
data1stD = np.gradient(data)  ← 微分処理をする
plt.plot(np.arange(0, len(data1stD),1), data1stD)
```

❷ 脈波の「速度」

血管の太さの変化

❸ 脈波の加速度（加速度脈波）を求める

```
data1stD = np.convolve(data1stD, np.ones(10)/10, mode='same')  ← ノイズ除去
data2ndD=np.gradient(data1stD[100:1900])  ← 微分処理をする
plt.plot(np.arange(0, len(data2ndD),1), data2ndD )
```

❸ 脈波の「加速度」＝加速度脈波

血管がどれだけ鋭く伸縮みの変化をしたか

▼図5　加速度脈波加齢指数に必要な波形ピーク検出

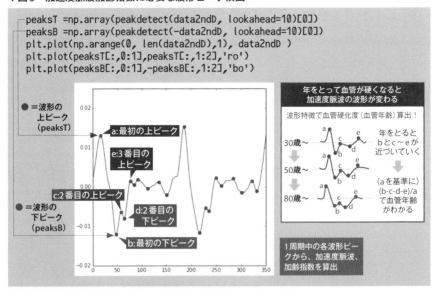

▼リスト1　加速度脈波加齢指数と「血管年齢」算出コード

```
a=[]; b=[]; c=[]; d=[]; e=[]
for i in [0,5]:    ← ピーク「5個」周期で2回分（0と0+5）
    a.append(peaksT[i,1:2])
    b.append(-peaksB[i,1:2])
    c.append(peaksT[i+1,1:2])
    d.append(-peaksB[i+1,1:2])
    e.append(peaksT[i+2,1:2])
sdptg= (average(b)-average(c)-  ← 加速度脈波加齢指数（SDPTGAI）
            average(d)-average(e))/average(a)
print("男性:血管年齢{}歳".format(int(66 + 43 * sdptg)))
print("女性:血管年齢{}歳".format(int(62 + 42 * sdptg)))
```

2周期分の（グラフに示した）波形から、a,b,c,d,eのピークを格納

を示す「加速度注4脈波」が得られます（図4の❸のグラフ）。

　それでは、得られた加速度脈波から、血管硬化の度合いを判断してみましょう。そのために使うのが、加速度脈波加齢指数（SDPTG aging index：SDPTGAI）注5です。これは図5に示すような加速度脈波の5ピークの値を使い、血管の老齢化度合いを示す指標です。また、加速度脈波加齢指数を使うと、血管の「年齢」を出すこともできます。

注4）　「速度」や「加速度」については、第7章の「バスケのフリースロー」で学ぶ「物理計算」に説明があります。
注5）　「加速度脈波による血管年齢の測定と臨床的有効性」（URL http://pulsewaveform.kenkyuukai.jp/File
　　　Preview_Subject.asp?id=841&sid=616&cid=352&ref=subjectsubject_listasp）

　そこで、加速度脈波から、男性・女性別の変換式を使い筆者の血管年齢を推定してみました（**リスト1**）。すると、「血管年齢63歳」という診断結果となりました。筆者の実年齢より10年ほど老化が進んだ血管年齢なので、「筆者の生活スタイルは改善する必要がある」ことがわかります。

≫≫ 目に見えないけれど重要なものを写し出せ!

　「目に見えないこと」にはなかなか気づくことができず、意識することも難しいものです。しかし、それが可視化され、言葉や数字といったもので表されると、それを強く意識することができるようになるものです。

　肉眼では直接見ることができない血管の老化、それをスマホで写し出し、健康に向けた生活習慣改善をしてみるのはいかがでしょうか。

1-2 1.5億km先で輝く熱い太陽、表面温度をはかる!

スマホで「二次元分光カメラ」を作る

≫≫ 真夏を熱くする! 太陽の表面温度を計りたい!

　夏、それは太陽の季節。梅雨が終わり、太陽が地上を熱く照らすのが、夏という季節。灼熱の真夏日や眠れない熱帯夜を作り出す太陽は、「どれほど温度が高いのだろう?」と疑問に思ったことがある人も多いはず。

　「太陽の温度」を知りたければ、インターネットで検索するだけで疑問の答えが手に入るのが今の時代。……けれど、夏休みの自由研究的に、自分で実験をして調べてみても面白いものです。そこで、スマホと少しの工作で、太陽の表面温度計測に挑戦してみます。

　温度計には、大きく分けて2つの方法があります。1つは、測定対象にセンシング材料を接触させて、センシング材料の体積変化や電気抵抗変化を検知することで測定対象の温度を計る、接触式の温度計。もう1つは、測定対象が(温度に応じた振動をすることで)周囲に熱放射する電磁波の波長を計測する、非接触式の温度計です。

　太陽(図1)は、地球からはるか1億5,000万キロメートル向こうの彼方にあります。そんな遠く、そして、非常に高温であろう太陽に、接触式の温度計が使えるわけはありません。そこで、本記事では、温度に応じて放出(熱放射)される電磁波の波長を計測する非接触式温度計を作り、太陽の表面温度を計ってみます。

▼図1　1.5億km先から、地球を照らす太陽(https://commons.wikimedia.org/wiki/File:Solar_sys8.jpg)

>>> スマホを「太陽温度対応の非接触温度計」に変身させる!

　非接触式の温度計(図2)は、数百円程度で買うことができる安いものもあります。しかし、そうした温度計は、熱放射された遠赤外線の強さから温度を推定するものが多く、計ることができるのはせいぜい数百度まで。太陽は「もっともっと熱いヤツ」なので、太陽の温度を計測することはできません。

▼図2　非接触式の温度計(赤外線リモコンとは逆に赤外線を取り込んで赤外線波長から温度を推定する)

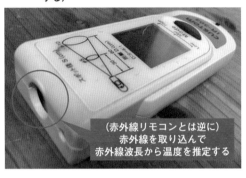

(赤外線リモコンとは逆に)
赤外線を取り込んで
赤外線波長から温度を推定する

　太陽の表面温度から熱放射される電磁波は、遠赤外線よりもエネルギーが強い、波長で言うと450〜600ナノメートルの可視光領域です。それはまさにスマホのカメラで写すことができる波長帯。そこで、スマホのカメラを使い、太陽から放射される電磁波の波長を計測できる秘密道具を作ってみます。

　まずは、100円ショップに行き、筐体にするプラケースやスマホカバー、遮光用の黒紙やテープなどを500円ほどで購入します。そして、Amazonなどで

▼図3　400円ほどの雑貨と回折シートを組み合わせた分光スペクトル計測カメラ

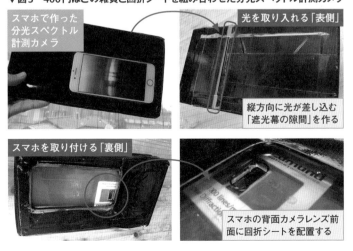

スマホで作った
分光スペクトル
計測カメラ

光を取り入れる「表側」

縦方向に光が差し込む
「遮光幕の隙間」を作る

スマホを取り付ける「裏側」

スマホの背面カメラレンズ前面に回折シートを配置する

買うことができる回折シートを組み合わせると、「太陽温度対応の非接触温度計（スマホ分光カメラ）」を組み立てることができます（図3）。

　構造としくみは単純で、プラケースで囲った遮光幕の隙間から入った光を、カメラのレンズ前面に取り付けた回折シートで光の波長ごとに進む方向を変えて（＝分光）、波長ごとに分けられた光（分光）をスマホカメラで撮影する——というものです。

⋙ 100円ショップのLED電球でスマホ分光感度を補正しよう！

　図4は、スマホ分光カメラで撮影した動画ファイルを読み込み、その途中（1,032

▼図4　LED電球を撮影した動画を元に、画像内のRGB画素値から分光強度を出力する

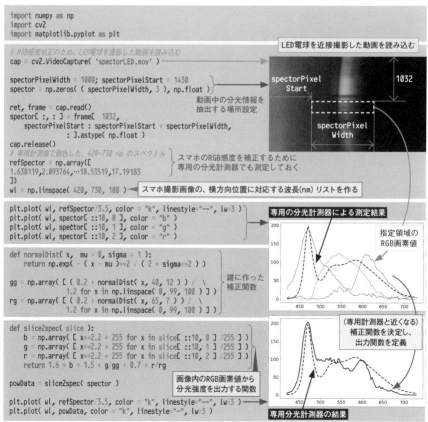

番目）の画像（フレーム）から、撮影した光の波長分布を算出するためのコード[注1]です。スマホカメラはほぼすべて、RGB（赤・緑・青）の色フィルタを通して撮影した色画像撮影がされています。その色フィルタの特性を補正するため、100円ショップで買った疑似白色LED電球の光を撮影し、精度が保証されている分光計測器の結果と合うように、（とても雑ですが）補正をすることで、波長ごとの光強度（分光強度分布）を算出しています。

■ 摂氏5,500度の「太陽の表面温度」がスマホで見える！

　スマホで太陽を直接撮影すると、スマホのカメラが焼き付いてしまう危険性があります。そこで、薄い雲を通して光る太陽の光を、スマホ分光カメラで撮影してみます。そして、撮影画像から分光強度分布を推定するコードと結果例が図5です。

　温度に応じて放射される電磁波分布、つまり熱放射（黒体放射）の理論式から算出される「温度ごとの放射波長分布」と比較してみると、スマホ分光カメラで撮影した太陽光の温度は、およそ絶対温度で5,800度（摂氏約5,500度）に相当していることがわかります。

　また、Pythonのライブラリを使って、NASA（アメリカ航空宇宙局）が計測した「太陽からの放射波長分布（絶対温度が約5,800度の黒体熱放射分布にほぼ一致する）」を出力して比べてみても、摂氏

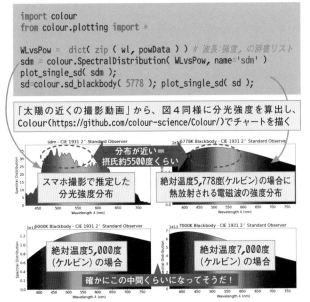

▼図5　スマホ分光カメラで撮影した「太陽光の分光スペクトル」

```
import colour
from colour.plotting import *

WLvsPow = dict( zip ( wl, powData ) ) # 波長:強度, の辞書リスト
sdm = colour.SpectralDistribution( WLvsPow, name='sdm' )
plot_single_sd( sdm );
sd=colour.sd_blackbody( 5778 ); plot_single_sd( sd );
```

「太陽の近くの撮影動画」から、図4同様に分光強度を算出し、Colour（https://github.com/colour-science/Colour/）でチャートを描く

分布が近い＝摂氏約5500度くらい

スマホ撮影で推定した分光強度分布

絶対温度5,778度（ケルビン）の場合に熱放射される電磁波の強度分布

絶対温度5,000度（ケルビン）の場合

絶対温度7,000度（ケルビン）の場合

確かにこの中間くらいになってそうだ！

11

5,500度の放射波長分布が、スマホ分光カメラで撮影した太陽からの分光分布とよく合うことが確認できます(図6)。

　スマホで作った「非接触式の温度撮影カメラ」で、精度はわかりませんが、数千度の太陽温度を計ることができたようです。

■ 二次元(画像)分光撮影もしてみよう！

　スマホと少しの工作で安価に作った分光カメラですが、撮影方法とソフト処理を工夫すると、1点の分光計測だけではなくて、二次元分光画像も撮影することができます。

　カメラ前面に配置した遮光幕の隙間は、縦方向の直線です。すると、スマホカメラで撮影することができるのは、縦方向の一次元領域に対する分光情報です。ということは、(隙間方向＝縦方向と直交する)横方向にスマホカメラの向きを変えながらの動画撮影をすると、二次元領域に対する分光画像を「撮影」することができます。

　図7が、スマホの向きを変えながら撮影した動画から、二次元分光画像を作り出すコードと結果例です。特定波長で眺めた二次元画像を眺めることもできますし、人の眼で見ることができる「可視光の波長分布」を踏まえたRGB色画像(たとえばsRGB画像)に変換することもできます。

>>> 太陽が発する光に適応し、人は世界を眺めてる！

　太陽の表面温度を、スマホで撮影できることができたのは、偶然なのでしょうか、それとも何か理由がある必然なのでしょうか？

　太陽を中心に回る太陽系、中心にある太陽に照らされた地球。そこで生まれた生物は、太陽が最も「明るく」照らす電磁波の波長帯に適応・最適化されています。だから、地球で生まれた「ヒト」の目は、太陽が照らす光の波長に感度が高く、ヒトの目を模したスマホカメラが、太陽がその温度に応じて発する光の波長帯に感度があるのはある意味で必然なのかもしれません。

　偶然か必然か……そんな議論はさておいて、真夏を照らす太陽の表面温度、1億5,000万キロメートルにある摂氏5,500度の熱をスマホカメラで計ることができるようです。

▼図6　NASA撮影の「太陽光の分光スペクトル」

```
blackbody_sd = colour.sd_blackbody( 5778,
                             colour.SpectralShape(10, 10000, 10 ) )
ASTM_G_173_sd = colour.plotting.ASTM_G_173_ETR.copy()
ASTM_G_173_sd /= np.max( ASTM_G_173_sd.values )
ASTM_G_173_sd *= np.max( np.nan_to_num( blackbody_sd.values ) )

plot_multi_sds(
    [ASTM_G_173_sd, blackbody_sd], **{
        'bounding_box': [0, 2500, 0, max( ASTM_G_173_sd.values )*1.1],
        'title': 'The Sun - Blackbody 5778K',
        'y_label': 'W / (sr m$^2$) / m',
    });
```

NASA撮影の
「太陽光の分光
スペクトル」

5,778度の黒体から
放射される電磁波の
強度分布の理論式

▼図7　「横振り撮影」で「分光強度の二次元分布（分光画像）」を作ってみる！

（動画の各フレームから）横方向に並べる

```
cap = cv2.VideoCapture( 'scene.mov' )
frame_n = round( cap.get(cv2.CAP_PROP_FRAME_COUNT) )
spectorImg = []    # 2次元分光画像
n = 0
while( cap.isOpened() ):
    ret, frame = cap.read()
    if ret:
        spectorSlice = []
        for y in range( 0, h, 10 ):
            spector = frame[ y,
                spectorPixelStart : spectorPixelStart+spectorPixelWidth,
                : ].astype( np.float )
            powData = slice2spec( spector )
            WLvsPow = dict( zip ( wl, powData ) )
            sdm = colour.SpectralDistribution(WLvsPow, name='sdm')
            spectorSlice.append( sdm )
        spectorImg.append( spectorSlice )
        n = n+1
    else:
        break
cap.release()
```

縦方向×分光×横方向
（カメラ向き方向）の3
次元情報を格納する

「隙間」の先に見える
「縦方向の狭い一次元
領域」の分光強度が写る

横方向に「向き」を変えながら
動画撮影すれば、二次元領域
の分光撮影ができる

分光情報からは、対象
物の材質や化合状態な
ど、たくさんの情報が
手に入ります。ぜひ応
用してみましょう

動画のフレーム方向＝横方向

隙間方向＝縦方向

波長方向

波長500nmの分光画像例

```
img500 = np.array([
    [ spector.copy().interpolate(
     colour.SpectralShape(420, 730, 10 ) )[ 500 ]
        for spector in spectorSlice
    ] for spectorSlice in spectorImg
])
```

分光画像からsRGBに変換する例

```
sRGBImg = np.array([
    [ colour.XYZ_to_sRGB( colour.sd_to_XYZ(
        spector.copy().interpolate(
            colour.SpectralShape( 420, 730, 10 )
                ) ) / 100.0 )
        for spector in spectorSlice
    ] for spectorSlice in spectorImg
])
```

分光画像からsRGBのRGB値を生成する

XYZ値を介して
sRGBのRGB値に
変換する

物体の材質感を決める「光の反射」をリアル再現

誰かが江戸で手にした浮世絵を、手のひらの上によみがえらせる！

≫≫ メトロポリタン美術館の所蔵品写真を自由に使える！？

2017年の初春、メトロポリタン美術館（通称 The Met：The Metropolitan Museum of Art）所蔵品の画像やデータが、（本記事執筆時点で）およそ406,000点[注1] も CC0（クリエイティブ・コモンズ・ゼロ）で使用可能[注2] になりました。MET といえば、米国ニューヨーク市マンハッタンにある世界最大級の美術館。その所蔵作品画像や情報が、Open Access というポリシーのもと、商用向けや編集加工も含めて自由に使うことができるようになったのです。

今回は、CC0ライセンスで公開されたMET所蔵品画像を活用して、「あたかも目の前に美術品があるように感じられる」ような浮世絵のデジタル複製品を仕立ててみることにします。

≫≫ 画像を眺めても「リアル」じゃない！？

MET の所蔵品検索ページ[注3] から Open Access Artworks を選択して検索を行うと、膨大な数のCC0ライセンスの作品画像を閲覧できます。たとえば、東洲斎写楽「三代目大谷鬼次の奴江戸兵衛」を検索してみたのが図1です。作品画像の左下にOA Public Domain と表記され、Open Accessポリシーで提供されたCC0ライセンス画像であることが確認できます。右下にあるダウンロードボタンを押せば、作品の画像ファイルが手に入り、

▼図1 東洲斎写楽「三代目大谷鬼次の奴江戸兵衛」

OA Public Domain

注1）本記事の連載執筆時点
注2）**URL** https://www.metmuseum.org/about-the-met/policies-and-documents/image-resources
注3）**URL** https://www.metmuseum.org/art/collection

高解像度の作品画像をディスプレイで眺めることができます。

　しかし、そんな画像をただ眺めても「実際の絵画を眺めている気分にはなれない」ものです。現実世界の「モノ」であれば、表面の凹凸や粗さといった材質の特性を反映して、照明の当たり方や眺め方次第で見え方が刻々と変わり、その「複雑かつ豊かな見え方」を通じて、「対象物の材質感、つまりリアルさ」を感じることができます。しかし、ディスプレイに表示された画像は、眺め方を変えても (見え方は) 何も変わらないため、「リアルじゃない」と感じてしまうのです。

　そこで、西洋絵画にも大きな影響を与えた日本の浮世絵を題材に、CC0の公開画像から「表面の凹凸や粗さ」といった物体・材質が本来持っている情報をデジタル処理で作り出し、リアルな見え方をデジタル再現してみることにします。

≫≫≫ 浮世絵の制作工程を踏まえて「リアル」を作り出せ!

　METが公開しているのは高精細な色画像です。色画像から「表面の凹凸や粗さ」といった物体・材質が本来持っている情報を作り出す具体的な手順は、次のようになります。

　まず、浮世絵 (版画) の色画像から、

❶表面のマクロな凹凸情報
❷表面の (光沢を決める) 粗さ (ミクロな凹凸) 情報

をそれぞれ生成し、さらに、

❸タブレット・スマホ上で「眺め方に応じたインタラクティブレンダリング」

を行うという流れです。

　手順❶「作品画像からの表面凹凸生成」の原理は簡単です。浮世絵は「絵具をつけた版木を和紙に押しつけて刷る」ことで作られます。そのため、版画表面には和紙の繊維構造による凹凸や、版木の木目や彫り模様に応じた凹凸が存在しています。そこで、図2のPythonコード[注4]のように、作品画像の明るさ (陰影) 情報の高周波数成分を抽出することで、細かな陰影≒表面の凹凸情報を生成します。

　また、手順❷「(光沢を決める) 粗さ情報生成」は、「浮世絵制作では、薄い色

注4)　コードは本書のサポートページを参照。ukiyoemulationディレクトリにあります。

▼図2　浮世絵画像から材質の凹凸や光沢情報を生成するPythonスクリプト

▼図3　浮世絵の制作工程(濃い領域ほど絵具量が多く滑らか)をふまえると「粗さは明るさに反比例」

から濃い色の順番で重ね刷りしていくという刷り手順と、その結果生じる物理現象をふまえたものです。具体的には、暗い色の領域ほど(重ねて刷られる)絵の具の量が多い」「絵の具の量が多くなると、紙の繊維構造の粗さが絵具で覆われて、表面が滑らかになる」「重ね刷りする回数が増えるほど表面が滑らかになる」というものです。そのような図3に示すような過程を模して、図2のPythonコードでは、絵画の「明るさ分布情報」から「近似的な粗さ分布情報」を作り出しています。

≫≫ Three.jsの物理ベースレンダリングで自然な見え方を再現!

　浮世絵版画の色画像から、表面の凹凸と粗さを表す情報を生成したら、あとは手順❸「タブレット・スマホ上でインタラクティブレンダリング」をするだけです。

　WebGLライブラリのThree.jsは、光の当て方や眺め方に応じた自然な見え方を(光反射や材質の物理特性に基づく)物理ベースレンダリングにより簡易に再現することができます。そこで、すでに生成を終えた色・凹凸・粗さ情報を使い、浮世絵のCGレンダリングを行うWebアプリを、Three.jsを使った

▼図4　スマホやタブレット上で浮世絵レンダリングする（Three.js利用の）Webアプリコード

```
<!doctype html><html><head><title>Ukiyoe</title></head><body>
<script type="text/javascript" src="three.min.js"></script>          WebGLのためにThree.js、複数画像の
<script type="text/javascript" src="preloadjs.min.js"></script>      事前読み込みのためにpreloadjs.js
<video id="video" autoplay playsinline style="display:none;"></video> を読み込む
<canvas id="canvas" style="display:none;"></canvas>                  id: videoはカメラ画像取得用
<script type="text/javascript">                                    id: canvasはカメラ画素操作用
var r = new THREE.WebGLRenderer({alpha:true,antialias:true});
r.setClearColor(0x333333,1);r.gammaInput=true; r.gammaOutput=true;
r.setSize( window.innerWidth, window.innerHeight );                 ❶物理ベースレンダリングの
r.setPixelRatio(window.devicePixelRatio ? window.devicePixelRatio:1);   設定
document.body.appendChild( r.domElement )
window.addEventListener("deviceorientation", function (e) {         ❻スマホやタブレットの姿勢変
    light.position.x= -e.gamma*100;light.position.y= e.beta*1000;});    化時の照明の位置変化を模す
var camera = new THREE.PerspectiveCamera( 50 /*fov*/,
    window.innerWidth/window.innerHeight /*aspect*/,0.1, 1000000);  ❷カメラ設定
camera.position.set(0, 0, -500);
var scene = new THREE.Scene();
var al = new THREE.AmbientLight(0xc0c0c0); scene.add(al);
var light = new THREE.PointLight( 0x909000, 1, 0, 2);              ❸ライト設定
light.position.set(0, 0, 100000); scene.add(light);
var q = new createjs.LoadQueue();                                  preloadjs.js
q.on('complete', function () {                                     を使い、色画像
    var cMap = new THREE.Texture(q.getResult('color'));            （cMap）、粗さ情
    var rMap = new THREE.Texture(q.getResult('rough'));            報（rMap）、凹凸
    var bMap = new THREE.Texture(q.getResult('bump'));  画像・情報ファイルが読み 情報（bMap）を読
    cMap.needsUpdate = true; rMap.needsUpdate = true;   込まれたら、Textureを生成 み込むために、
    bMap.needsUpdate = true;                            する              「材質ファイルが
    var w = cMap.image.width; var h = cMap.image.height;           読み込まれた際
    const geometry = new THREE.PlaneGeometry(1, 1);   読み込まれた材  に行う処理」を記
    const material = new THREE.MeshStandardMaterial({ 質情報（cMap、述している
        map:cMap, bumpMap:bMap, bumpScale:0.3,roughnessMap:rMap}); rMap、bMap）を
    const plane = new THREE.Mesh( geometry, material );  用いて略平面  ▲読み込み終
    plane.scale.set(w, h, 1); scene.add(plane);       （plane）を設定  了時に処理
q.loadManifest([ { id: color, src: JPP130158.jpg },              ❹読み込む画像・情報ファイルを設定し、  が行われる
{id: bump,src: bump2.png },{id: rough, src: rough2.png }]);     読み込ませ、浮世絵を生成する
let v = document.getElementById("video");
navigator.mediaDevices.getUserMedia(
    { video:{facingMode:"user"},audio:false}                    ディスプレイと同じ側にあるカメラ画像を取得開始
).then(function(stream){v.srcObject = stream;
v.play(); }).catch(function(err){});
var c = document.getElementById("canvas");                       カメラ画像の画素値を取得する  ❼カメラ画像
v.addEventListener("loadedmetadata",function(e) {               ために（その仲介に必要な）  から画素値
    c.width = v.videoWidth; c.height = v.videoHeight;            canvasを生成する              を取得し、環
    var ctx = c.getContext("2d");                                                              境照明光の
    setInterval(function(e) {                                                                  色（RGB）強
        ctx.drawImage(video,0,0,c.width,c.height); ←カメラ画像をcanvasに複製  度に反映さ
        var pix = (ctx.getImageData(0,0,c.width,c.height)).data;  カメラ画像の画  せる
        var i = (c.height/2)*c.width+(c.width/2)*4;const s=1024.; 素値を、鑑賞照
        light.color.setRGB(pix[i]/s,pix[i+1]/s,pix[i+2]/s)},50);});  明光の色に反映
function animate(){ requestAnimationFrame(animate);
    r.render(scene, camera); }; animate();                      ❺レンダリングループ
</script></body></html>
```

HTMLで書いてみたのが、**図4**に示したコードです。

　処理の流れは、❶物理ベースレンダリング設定→❷カメラ設定→❸光源設定→❹生成した材質情報を用いた略平面（plane）浮世絵を設定→❺レンダリングループ、という簡単なものです。

≫≫≫ 眺め方や周囲の光を反映した「リアル」レンダリング

　本コードでは、浮世絵を照らす照明光や眺め方に応じて刻々と変わる「見え方」を再現するために、表示デバイスの姿勢や周辺環境光をセンシングして、それらの情報を反映したレンダリングを行っています。

　図4の**6**部は、デバイス姿勢に応じた「浮世絵表面での反射光変化」を表現するための処理です。誌面では伝わりづらいかもしれませんが、手に持った浮世絵の眺め方を変えれば、「そこから見えるはずの表面反射や凹凸の陰影」が映し出されます（**図5**〜**図7**）。

　また、図4の**7**画面で表示中の浮世絵を照らしているはずの「周囲にある照明光分布」を、(自撮り用の face) 前面カメラ[注5]から取得して、浮世絵を照らす光情報もリアルタイムにレンダリングへと反映することで、まさにリアル（現実と同じ）な反射現象を再現しています。たとえば、手のひらで浮世絵を覆ったら、浮世絵は手のひらの赤みを帯びた光に照らされて、その色を帯びて見えるようにな

▼図5　デバイス姿勢を反映して、眺め方に応じた光沢が見える。紙の凹凸や濃い背景部の高い光沢などが見える（指でピンチズームすれば細かな凹凸情報も確認できる）

眺める方向や持ち方を変えるとそれに応じた見え方になる！

ピンチズームで細かな凹凸もわかる

▼図6　前面カメラから刻々の環境光分布を取得し、表面反射光に反映している。手のひらで浮世絵を覆うと、反射光は手の赤みを帯びて弱くなる

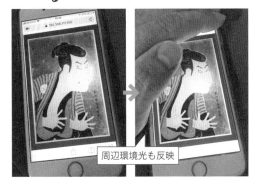

周辺環境光も反映

注5）　デバイスのカメラ画像を使うため、https サーバからの実行が必要です。Python による https サーバ起動については、第5章の『「本当なら見えるはずの星空」を景色に重ねて映すカメラを作る 〜ブラウザで楽しめる AR アプリサーバを Python で作る〜』のコードと同様にして動かすことができます。

るのです(図6)。

　浮世絵を照らす光情報と、浮世絵の材質特性と、ユーザの視点方向を使い、ユーザが「見えるはずの光」を返すレンダリング処理をすることで、「その場で本物を手にして眺める現実」に限りなく近い、「リアルなデジタル複製品」ができあがります。

≫≫ 今この瞬間の光を反射して、200年前の浮世絵がよみがえる!

　本当は、美術館にある文化財、わたしたちが過去から未来に残すべき文化財は、美術館で本物を眺めるのが一番なのでしょう。けれど美術館の展示室はあまりに遠く、眺めることができないことも多いもの。

　……昭和から平成を経て、さらに元号が令和になりました。その瞬間に自分を照らす光の下で、自分が手に持つデバイスの上に、リアルな姿を見せる浮世絵を眺めるのは、絶対に楽しいはずだと思います。200年前の江戸の街で刷られ、江戸で誰かが手にした写楽や北斎版画が、自分の手の中でよみがえるような心地になるはずです。

▼図7　葛飾北斎「富嶽三十六景　神奈川沖浪裏」……富士の背後に塗られた墨が向きによっては輝く

墨部の光沢の「見え方の変化」が「材質のリアル感」を生む

流体力学の研究

泡が沈む!? ギネスビールの謎を解く!

2-1 「泡が下降し続ける!?」ギネスカスケードを流体分析

≫ ビールの泡が下へ沈み続ける!? ギネスビールの謎

　炭酸飲料やビールを透明なグラスに注ぐと、グラスの中で泡が生まれ、たくさんの泡が浮かび上がっていきます。水を主成分とする飲料液体自体より、気体の泡のほうがはるかに密度が低く軽いため、「泡が浮き上がる」ことは必然の現象に思えます。

　ところが、アイルランドの黒ビールであるギネスビールをグラスに注ぐと、グラス中で泡が下へ沈んでいく、「ギネス・カスケード」と呼ばれる現象が生じます（**図1**）。細かな泡が連なって模様を作りつつ、常識に反してひたすら下降を続ける[注1]のです。浮力を受けて上昇するはずの泡が、ギネスビールの中では、どうして下へ沈み続けるのでしょうか？

≫ 「内部で起きていること」を「赤外線で透視」する!?

　不思議な現象が起きている時は、まずはじっくり観察してみたくなります。ギネスビールが注がれたグラスの中で、どんなことが起きているのかを確認してみたくなります。

　とはいえ、ギネスビールは黒ビールで不透明ですから、グラスの中を見通すことはできないように思えてしまうのではな

▼図1　ギネスビールを注ぐと生じるギネスカスケード
[By George Hodan (CC0 Public Domain https://www.publicdomainpictures.net/en/view-image.php?image=256806&picture=pint-of-guinness)]

注1）　動画撮影例（URL https://www.youtube.com/watch?v=vZHju50xZz8)

いでしょうか？　しかし、「人間が見ることができる可視光」ではギネスビールは黒く不透明に見えますが、他の波長の光では必ずしも不透明ではありません。

実は、黒く見える飲料のほぼすべて、たとえばコーラや醤油といったものも、可視光よ

▼図2　近赤外線で撮影すると醤油やコーラは透明に!

り少しだけ波長が長い近赤外光で眺めると、ほぼ無色透明の液体に変身します（図2）。人が見る可視光の姿と、近赤外線領域で見える姿は、想像以上に大きく異なるものなのです（図3）。

そこで、ギネスカスケードが生じているグラスの中を、近赤外線カメラで観察[注2]してみることにします。

≫≫　薄幅の平行平面光でグラスを切断し、断面を可視化する!

ギネスビールをグラスに注ぎ、近赤外光カメラで眺めてみると、泡が消えた状態では透明になります（図4）。けれど、泡が生じている状態では、たくさんの泡が重なって「内部の泡がどのように動いているか」が見えにくいものです。

そこで、薄い平面状の光で「グラス断面を包丁で切断するように」横から照ら

▼図3　近赤外線で撮影した千円札や一万円札

▼図4　近赤外線で撮影したギネスビール

泡がある状態だと半透明っぽい　　泡がなければほぼ透明

注2）防犯用カメラの多くは、赤外光撮影ができます。

し、平面(断面)内の泡だけが光で照らされるようにすることで、その動きだけを撮影できるようにして、グラス断面方向の「泡の動き」を撮影してみます(図5)。このような方法で、ギネスビールを注いだグラスを撮影すると、確かに泡の動きを観察できるようになります(図6)。

▼図5 ギネスビール(グラス)断面を切断するように、スリットを通して太陽光で照らす

▼図6 近赤外線カメラで撮影した「ギネスビールを注いだグラスの断面」

しかし、動画を感覚的に眺める(観察)だけでなく、数値として調べること(解析)もしなければ、ギネスカスケードの謎を解き明かすことはできません。そこで、次に、泡の動きを動画解析してみることにしましょう。

≫ ギネスビールの泡は「内部で上昇」「外側近くで下降」する!

撮影動画から、泡の速度分布(流れ場)を解析・可視化するPythonコード[注3]が図7です。このコードは、撮影動画の各画像(フレーム)に対して、直前の画像を基準にして、画像の各領域で「泡群の移動方向」を算出し、泡の速度分布を色マップ(緑色:上昇方向、赤色:下降方向)や速度ベクトル図として可視化します。さらに、撮影画像に解析結果を合成した動画をファイル出力します。

このコードを使って解析した泡の動きを眺めると(図8)、ギネスの泡はグラス内部の中央近くではゆるやかに上昇していて、その流れがグラス最上部で外側へと向きを変え、外側のグラスの壁面近くにたどり着いたところで、グラス

注3) コードは本書のサポートページを参照。guinnessCascade4SDディレクトリに格納されています。

▼図7 泡の速度分布（流れ場）を解析・可視化するPythonコード

```python
import matplotlib.pyplot as plt
import numpy as np          # 画像解析を行うために、定番ライブラリを読み込む
import cv2

cap = cv2.VideoCapture( 'input.mov' )
isFirst = True  # 前回画像が無い管理用フレーム対応
while( cap.isOpened() ):
    ret, frame = cap.read()          # 動画からフレーム取得
    if ret:
        if isFirst: # i==0; #isFirst;
            prvs = frame[ :, :, 2 ] # 直前画像として保存 (緑色を使用)
            # 流れ速度を使った着色可視化用配列
            rgb = np.zeros_like( frame ); rgb[...,0] = 0
            fourcc = cv2.VideoWriter_fourcc(*'MJPG') # 処理結果保存用の動画コーデック
            # 処理結果を保存する動画ファイルを開く
            out = cv2.VideoWriter( 'result.avi', fourcc, 30, prvs.shape[ ::-1 ] )
            # 速度場のXY座標群 (右辺座標はopenCV, 左辺はmatplotlib)
            X, Y = np.meshgrid( np.arange( 0, frame.shape[1] ),
                                np.arange( frame.shape[0], 0, -1 ) )
        else:
            next = frame[ :, :, 2 ]
            flow = cv2.calcOpticalFlowFarneback( # optical flow 算出
                prvs, next, None, 0.5, 3, 15, 3, 5, 1.2, 0)
            prvs = next # 処理したフレームを前回画像に格納
            rgb[..., 2] = cv2.normalize( flow[...,1], None, 0, 255, cv2.NORM_MINMAX )
            rgb[..., 1] = 255 - rgb[..., 2]
            # 速度場 (右辺はopenCV座標、左辺はmatplotlib)
            dx = flow[...,0]; dy = flow[...,1]
            # matplotlibで流れ場を描画
            fig = plt.figure( figsize = prvs.shape[::-1], dpi=1 )
            fig.patch.set_facecolor('black')
            ax = fig.gca(); ax.axis('off')
            plt.subplots_adjust(left=0, right=1, bottom=0, top=1)
            pitch = 15    # 流れ場を描く間隔
            plt.quiver( X[::pitch, ::pitch],   Y[::pitch, ::pitch ],
                dx[::pitch, ::pitch], -dy[::pitch, ::pitch],
                np.sqrt( dx[::pitch, ::pitch]**2 + dy[::pitch, ::pitch]**2 ),
                units="xy", scale=0.05, cmap="RdYlBu",
                linewidth=7 )
            fig.canvas.draw() # matplotlibでレンダリング結果を画像に格納
            image = np.array( fig.canvas.renderer._renderer )
            plt.close(fig)
            # 動画として保存する
            rgb = cv2.addWeighted( rgb, 0.5, image[...,0:3], 0.5, 1.0)
            out.write( rgb )
        isFirst = False
    else:
        cap.release(); out.release()  # 入力動画・出力動画ともに閉じる
        break
```

- 画像解析を行うために、定番ライブラリを読み込む
- 撮影動画を読み込み、刻々の画像（フレーム）に対して処理を行う
- 解析で使う配列や出力保存先を確保する
- 移動量算出
- 上下方向速度可視化
- 赤系色：上昇　緑系色：下降
- 速度方向・量（ベクトル）描画
- 解析結果を合成し動画ファイルに追加
- ファイルを閉じる

▼図8 ギネスカスケードの（グラス上部での）観察・解析結果

上下方向速度の着色可視化
赤系色：上昇
緑系色：下降

速度方向・量（ベクトル）可視化

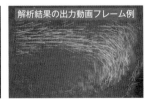
解析結果の出力動画フレーム例

下側へと沈み込んでいるようだ、とわかります。

　つまり、ギネスビールを注いだグラスの内部では、通常の炭酸飲料やビールと同じように、上に向かう泡の流れが生じているのです。ところが、ギネスビールが可視光では黒く不透明に見えるため、わたしたちが眺めることができるのは「グラスの外側近くで下に沈む泡」だけ。そのため、「ギネスビールの泡は下降を続ける」ように見えてしまうわけです。

≫ ギネス・カスケードの発生メカニズム

　ギネス・カスケードでグラス外側近くでの「泡の下降」が生じる過程は次のとおりです。

　まず、飲料自体よりも泡のほうが密度がはるかに低いため、ビール中の泡が浮かび上がろうとする力が働きます。そのため、ギネスビールでも他飲料と同様に、グラス内部では泡が次々と上昇していきます。その際、ギネスビールは「粘っこさ」が少し大きいという特性があるので、上昇しようとする泡に連れられて、ビール自体にも上昇流が生まれます。

　次に、ギネスビールを注ぐグラスが「上広がり形状」であることも相まって、グラス上部にたどり着いた「泡を含むビールの上昇流」は、「グラス外側に沿って（後ろの流れに押され続けて）下へ押し込まれていく」のです。

　グラス外側近くのビールが下降していく際、泡には浮かぼうとする力が働きますが、ギネスビールの泡は、炭酸飲料や通常のビールより「小さい」という特徴があります。すると、小さい泡は「まわりのビールの動きにひきずられる力の影響が相対的に大きくなる」という特性があるため、まわりの下降流にひきずられて泡が下降していきます。

　図9は、ギネスビールを注いだグラス内部の泡の動きを、物理数値シミュレーションした計算例です（麦酒物理研究所[注4]の門永雅史所長による計算結果）。「赤外線映像から解析した流れ」と一致する「流れの全体像」が、わかりやすく見てとれます。

　ちなみに、ギネスビールの泡が小さい理由は、ほかの炭酸飲料や通常のピルスナービールの泡は「炭酸ガス（二酸化炭素）」であるのに対し、ギネスビールの

注4）　麦酒物理研究所（**URL** https://bprc.amebaownd.com)

場合は「窒素に少し二酸化炭素を混ぜたガス」であるためです（**図10**）注5。「水に多量に溶け込むと同時に、発生した泡を成長させやすい炭酸ガス」と違い、水に溶けにくい窒素では泡が大きくならないのです。

≫≫ 「見えないもの」の可視化は、おもしろく役に立つ!

黒く不透明なギネスビールの内側も、近赤外線カメラで撮影すると、その流れを見ることができます。さらにその流れを流体解析すると、不可思議に見えるギネスカスケードの謎も名探偵のように解き明かすことができます。

▼図9　麦酒物理研究所門永雅史所長によるギネスカスケードの再現計算

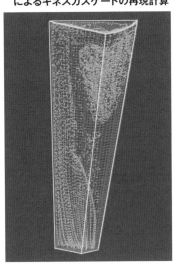

見えないものや不思議でわかりにくいものも、眺め方を変えたり、少しの工夫で可視化をして、さらに定量化したりできるものです。それは、とても面白いと同時に、現実問題の解決などに役立つことも、意外に多いかもしれません。

▼図10　ギネスビールは窒素ガスを主体とするため、「泡の特徴」がある

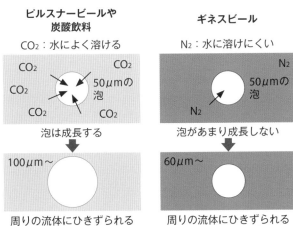

ピルスナービールや炭酸飲料
CO_2：水によく溶ける

ギネスビール
N_2：水に溶けにくい

泡は成長する　　　　泡があまり成長しない

$100\mu m\sim$　　　　$60\mu m\sim$

周りの流体にひきずられる力に対し、浮力が大きい　　　周りの流体にひきずられる力に対し、浮力が小さい

注5）　麦酒物理研究所の門永雅史所長による原図を編集したものです。

27

Pythonで世界の地図を使って街の風を流体計算

地球のどこでも「この瞬間に街を流れる風」を可視化せよ!

2-2

≫ 街中を流れる「風の速さ」は、場所によって全然違う!

台風などが近づいてくると、気象ニュースは「風速情報」を流します。たとえば「関東地方では、風速10m/s程度の風が予想され、傘が壊れてしまうかもしれません」といった具合です。ちなみに、こうした風速は、およそ地上10メートルの「周囲にある建築物の影響を受けない風」が基準になることが多いものです。

けれど、街を歩く私たちが感じる風は、建物の間を流れていく風ですから、街や通りのどの場所にいるかしだいで、感じる風の速さはまったく違ったものになります。

そこで、今回は「この瞬間に街中を流れている風」を地球上のあらゆる場所で可視化する!——というインポッシブル・ミッションに挑戦してみます。

≫ 気象情報と地図情報を手に入れる!

まず、OpenWeatherMap (OWM)[注1] 提供の気象情報配信APIを使い、現在の気象情報(風向きや風速)を手に入れましょう。OWMサイトから、無料の"Free"アカウント登録を行うと、APIリクエスト回数が60回/分以下という制限下で、現在の気象情報や5日分の気象予報情報などを得ることができるようになります。

図1で示しているのは、指定した緯度経度の任意地点で(本例では秋葉原「万世橋」近く)で上空の風速と向きを取得するPythonコードと実行例です。このコードでは、PythonからOWM APIを使うのも、pyowm[注2]というラッパーライブラリを使うことで、とても簡単になっています。

そして、街の上空を流れていく「風の動き」がわかったら、次に「風が通り抜

注1) **URL** https://openweathermap.org/technology
注2) **URL** https://github.com/csparpa/pyowm

▼図1　指定緯度経度の風情報をOpenWeatherMapから取得する

```
import pyowm
                 ↓緯度経度を指定し、OWMから風速情報を得る関数
def getWind(lon,lat):
    owm = pyowm.OWM('OWMのサイトで取得したAPIキーをここに入れる')
    mgr = owm.weather.manager()  # pyowm 2.x では不要
    weather = (mgr.weather_at_coords(lat,lon)).weather # pyowm
    2.xでは(owm.weather_at_coords(lat,lon)).get_weather()
    wind = weather.wind()
    return wind
```

```
lon = 34.6525455; lat = 135.504954 ←秋葉原「万世橋」近くの緯度経度
wind = getWind(lon, lat)
if 'deg' in wind.keys():print(wind['deg'])→ 320 ←風が吹いてくる方向角度
print(wind['speed']);                            (0=北,90=東,180=南,270=西)
                                    ↑ 5.1 ←風速 (m/s)
                          風速が遅く、風向き情報がない場合がある
```

▼図2　OpenStreetMapからの地図画像取得と建築物地図の生成

けていく、街にある建築物の配置」を手に入れましょう。**図2**は「自由に使用できる世界地図」共同作成プロジェクトであるOpenStreetMap（OSM）注3にアクセスして、指定緯度経度近くの街路地図をダウンロードし、さらに色抽出処理を行うことで「地上建築物配置（の二次元断面）画像」を生成するコードと結果

注3）　URL https://wiki.osmfoundation.org/wiki/Main_Page

例です。OSMからの街路画像取得は、smopy[注4]というライブラリを使うことで、ほぼ1行のPythonコードというお手軽さです。

>>> 周囲の風と建築物の情報がわかれば、街に流れる風の動きがわかる。……そう「流体の運動方程式」を使えばね！

「街のまわりを流れる大まかな風の流れ」と「建築物の配置」がわかれば、「街の中を流れていく風の動き」を手に入れるための準備はほぼ終了です。

あとは、流体の運動方程式であるナヴィエ・ストークス方程式を「周囲の風」[注5]と「街内部の建築物配置」を境界条件として与えて解くことで、「街を流れる風の流れ」を得ることができるからです（図3）。

二次元のナヴィエ・ストークス（NS=Navier–Stokes）方程式を数値的に解く（著者がカスタマイズした）Pythonライブラリを読み込んで、「街周囲の空気速度」と「街中の建築物配置」を引数としてNS方程式を解く計算関数を呼び出すと、街に流れる空気の流れが手に入ります。図4が、そのPythonコードと結果例（a）です。

流体計算と聞くと、膨大な計算時間が必要になってしまうのではないか？と心配になるかもしれません。しかし、今回のコード例は、街にある建物断面を平面化していること（三次元の流体問題を解いていないこと）や、計算領域を粗くしていることなどにより、最近のPCであれば1秒も掛からずに計算が終わります。

なお、図2で地上建築物の配置を示す画像を色抽出により生成する際、「建築物に重ね描きされた（色が異なる）地名などのテキスト部分が、建築物内部にあたかも空洞があるような状態を生じさせる」ことに気づかれた方もいらっしゃるかもしれません。しかし、風の流れの計算を行う際には、建築物内部にある空洞には風が吹き込むことも・吹き出すこともないため、問題にはなりません。

さらに、得られた「風の流れ（速度場）」に沿って、粒子（パーティクル）を流すアニメーション表示をWebGLで行った例が図5です。秋葉原万世橋（a）や、パリにあるヴィクトワール広場（b）を流れていく街の風が、美しく写し出され

注4）　**URL** https://github.com/rossant/smopy
注5）　OWMから手に入れた「上空の風速」を、「建築物を含む街の周囲を覆っている風速の境界条件である」としています。

▼図3 地球のどこでも「街を流れる風」を可視化するステップ❶〜❸

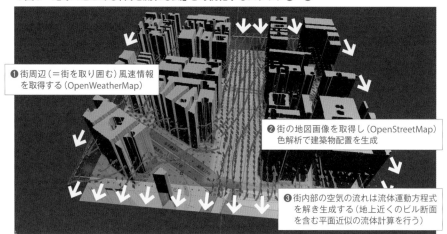

❶街周辺(=街を取り囲む)風速情報を取得する(OpenWeatherMap)

❷街の地図画像を取得し(OpenStreetMap)色解析で建築物配置を生成

❸街内部の空気の流れは流体運動方程式を解き生成する(地上近くのビル断面を含む平面近似の流体計算を行う)

▼図4 低解像度の建築物配置と風速・方向情報を与えて流体計算を行う

```
nit = 100  ↓速さ(スカラー)分布
u, v, velocity = doSimulation(nx, ny, wind,          (著者カスタマイズの)NS方程式を解く関数
  ↑風速分布(u=X方向, v=Y方向)   lowMask, 'withOutUVMap')  を3分クッキング的に呼び出す


pyplot.imshow(mapImg)      得られた「風の流れ」を地図に重ね描きして眺めてみる
plotX, plotY = numpy.meshgrid(numpy.linspace(0, nx*ratio, nx),
                              numpy.linspace(0, ny*ratio, ny))
pyplot.contourf(plotX, plotY, velocity, alpha=0.2, cmap=cm.jet)
pyplot.colorbar(); pyplot.quiver(plotX, plotY, u, v)
pyplot.streamplot(plotX, plotY, u, -v)
pyplot.xlabel('X'); pyplot.ylabel('Y')
```

結果例

(a) 指定緯度経度の地図画像(mapImg)　　(b) 指定緯度経度の「この瞬間の街風の流れ」

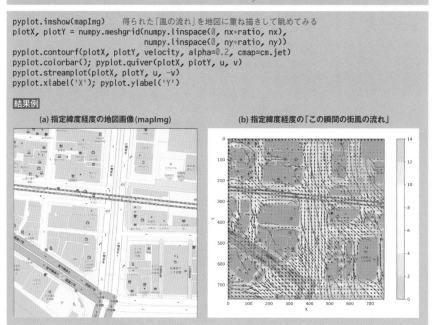

▼図5 得られた風速分布を使いWebGLでアニメーション可視化した例

(a) 秋葉原の万世橋近く　　(b) フランスパリのヴィクトワール広場周辺

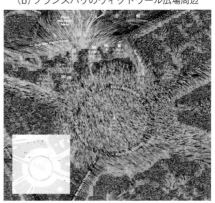

ていることがわかります。

街風は、自然現象と人工物が作る「インタラクションアート」

パリのヴィクトワール広場、道路が放射線状に集まる円形広場で流れる風の模様を眺めると、流体が作る模様の美しさに思わず見とれてしまいます。透明な空気が流れることで生じる風は、それ自体は目に見えないものです。けれど、ひとたび可視化されたなら、風はとても綺麗で魅力的なパフォーマーに変身します。気象現象という自然と建築物という人工物、それらが互いに作用しあう街風の流れは、美しいインタラクション・アートにも感じられます。

今回は、ほぼリアルタイムで計算を行うために、図6の(a)のような2次元平面での簡略計算を行いました。しかし、街風を考える上では、3次元的な建物の高さも使った流体計算をしてみたいところです。たとえば、図6の(b)は、秋葉原の電気街全体で、建築物の立体構造を踏まえた三次元流体計算を行った計算例です。今や、建築物の三次元情報がわかる地図サービスも多いもの。地球上にある街に吹く風を、三次元的に可視化するプログラムを書いてみるのも面白いかもしれません。

▼図6　秋葉原駅近くの街風に対する「今回の2次元計算例」と「3次元計算例」

(a) 今回の2次元計算例	(b) 秋葉原で3次元的に風解析した結果例
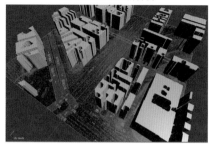	

.

第3章

音の研究

ステレオ音声動画の「音源方向」を可視化する

音声信号分析で「音声レーダーカメラ」を作ってみよう

≫≫ 視覚情報は1,000万ビット/秒、聴覚は10万ビット/秒!?

　人が得る情報量は、「視覚」つまり目から情報が一番多く、人が得る情報量の約90パーセントが視覚から得られていると試算されたりします[注1]。情報源の2番目が「聴覚」、つまり耳から得られる情報で、量にして視覚の約100分の1。視覚から得られる情報が1,000万bit/秒なら、聴覚から得られるのは10万bit秒という具合です。

　耳（聴覚）から得られる音声は、視覚より情報量自体は少ないかもしれませんが、人が聴覚情報に頼る割合は意外に多いように思います。音声を介して人と情報伝達を行ったり、音楽を聴いて心を動かされたり、あるいは、周囲から近づく自動車やオートバイを感知して危険を避けたり……。このように音情報は、さまざまな活用がされています。

　最後の例に近い、ステレオ音声からの「音源位置（方向）推定」を、Pythonで実現してみます。

≫≫ バイノーラル音声動画の時系列推移を眺めてみよう!

　図1は、Franco Russo氏がイタリア・ローマの通りで撮影した動画[注2]のスクリーンショットです。音声部分は、バイノーラル（Binaural）録音されていて、ステレオイヤホンを使って再生すると、普通の小型ステレオマイク録音とは違う次元の立体感や臨場感が再現されます。

　この動画から音声信号を抽出して、音声波形を表示するPythonコード[注3]が図2です。音声波形を眺めれば、「左右のマイクに入る音声」は互いに似てはい

注1）　「視覚は人間の情報入力の80%」説の来し方と行方 (URL) https://ci.nii.ac.jp/naid/120006371299)
注2）　Audio 3D + Video 2D (esperimento 24-10-2010) [3D Binaural Audio] (URL) https://www.youtube.com/watch?v=myTZvXvU2Xw)
注3）　本書のサポートページを参照。コードはstereoSoundVisualizer ディレクトリにあります。

ても、多少の違いがある
ことがわかります。

　人の聴覚が、左右の耳
から聞こえる音声をもと
に音源の位置を推定する
ように、ステレオ音声波
形から音源位置（方向）を
推定するにはどうすれば
良いでしょう？

▼図1　Franco Russo 氏によるローマで撮影されたバイノー
ラル音声動画

　一番単純な方法は、「音量が大きい方向に音源がある」と仮定して、「左右チャ
ンネルの音量比から音源方向を決める」というやり方です。

　しかし、この方法は現実的ではありません。何しろ、この手法は、音源が1
つの場合にしか成り立ちません。たとえば、音源が左と右に1つずつあるよう
な場合、「正面（中央）方向に音源が位置している」と推定されてしまいます。ロー
マで撮影されたこの動画のように、周囲からたくさんの音声が聞こえてくる場
合には、意味ある結果を出すことは困難です。

▼図2　動画から音声情報を抽出し、抽出した音声波形を表示するPythonコード

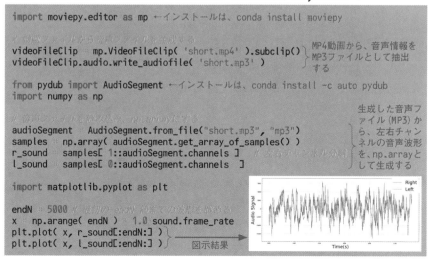

聞こえた音の高さごとの「左右音量比」で音源方向を簡易推定

そこで、簡単なのに「悪くない結果」を得ることができる、

❶各時間の音声から、周波数（音の高さ）ごとの強度推移を算出し
❷各時間の周波数ごとの左右チャンネル強度比で、音源方向を定める

という実装をしてみます。音声周波数ごとに処理することにより、音の高さが違う＝明らかに音源が違う音声を分離したうえで、それぞれに対する音源方向の推定をする、という作りです。

図3 (a) -1, (a) -2が処理❶部分、音声波形を時系列的に細かく切り刻み、切り刻んだ各領域でFFT（Fast Fourier Transform＝高速フーリエ変換）を行い[注4]「時系列的な、周波数ごとの音声強度」を算出・可視化するコードです。

コードを実行して得られた、（動画冒頭部に近い）「音声周波数ごとの音声強度」を描いたグラフ例が図3 (b) で、「音声周波数ごとの音声強度の時系列推移」を図示したスペクトログラム（Spectrogram）が図3 (c) です。図3 (c) のスペクトログラムを眺めると、音の高さ（周波数）ごとに分離することで、「異なる音（音源）を - 多少なりとも - 分離することができそう」とわかります。

次の処理❷部分、つまり、周波数ごとの強度推移から「周波数ごとの音声強度左右比の算出＝音源の左右方向の推定」を行うことで、音源方向と強度の推定を行うコードが図4 (a) で、結果を可視化したものが図4 (b) です。

推定結果の信頼性はともかく、中央や左右……さまざまな方向から撮影位置に届く音源位置や強さ、その時系列的な変化が浮かび上がってきます。

時々刻々の音源方向を、映像に重ねて眺めてみよう！

音源の位置を推定したら、撮影動画に「推定した音源位置」を重ねて眺めてみたくなります。撮影位置から見ることができる風景と、撮影位置に届く音を、動画に重ねて描いてみれば、一風変わった「超感覚」を体験できる映像になるはずです。

そこで、推定された音源位置分布と時系列変化情報を使い、動画映像に

注4）このような処理を「短時間フーリエ変換（Short-Time Fourier Transform）と呼びます。

▼図3　左右音声波形に対し、逐次的な周波数情報を取得するコード

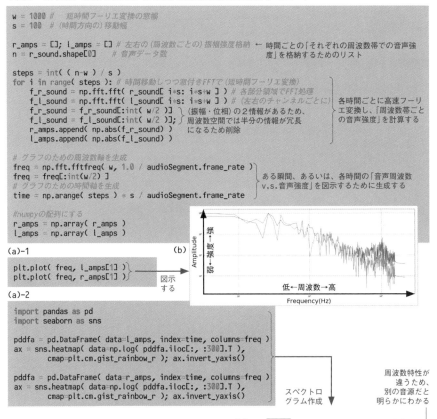

```
w = 1000  #    短時間フーリエ変換の窓幅
s = 100  # (時間方向の)移動幅

r_amps = []; l_amps = [] # 左右の(周波数ごとの)振幅強度格納    ← 時間ごとの「それぞれの周波数帯での音声強
n = r_sound.shape[0]        # 音声データ数                           度」を格納するためのリスト

steps = int( ( n-w ) / s )
for i in range( steps ): # 時間移動しつつ窓付きFFTで(短時間フーリエ変換)
    f_r_sound = np.fft.fft( r_sound[ i*s: i*s+w ] ) # 各部分領域でFFT処理       各時間ごとに高速フーリ
    f_l_sound = np.fft.fft( l_sound[ i*s: i*s+w ] ) # (左右のチャンネルごとに)   エ変換し、「周波数帯ごと
    f_r_sound = f_r_sound[:int( w/2 )]   (振幅・位相)の2情報があるため、     の音声強度」を計算する
    f_l_sound = f_l_sound[:int( w/2 )];  周波数空間では半分の情報が冗長
    r_amps.append( np.abs(f_r_sound) )   になるため削除
    l_amps.append( np.abs(f_l_sound) )

# グラフのための周波数軸を生成
freq = np.fft.fftfreq( w, 1.0 / audioSegment.frame_rate )    ある瞬間、あるいは、各時間の「音声周波数
freq = freq[:int(w/2) ]                                      v.s.音声強度」を図示するために生成する
# グラフのための時間軸を生成
time = np.arange( steps ) * s / audioSegment.frame_rate

#numpyの配列にする
r_amps = np.array( r_amps )
l_amps = np.array( l_amps )
```

(a)-1

```
plt.plot( freq, l_amps[1] )
plt.plot( freq, r_amps[1] )
```
図示
する

(b)

(a)-2

```
import pandas as pd
import seaborn as sns

pddfa = pd.DataFrame( data=l_amps, index=time, columns=freq )
ax = sns.heatmap( data=np.log( pddfa.iloc[:, :300].T ),
        cmap=plt.cm.gist_rainbow_r ); ax.invert_yaxis()

pddfa = pd.DataFrame( data=r_amps, index=time, columns=freq )
ax = sns.heatmap( data=np.log( pddfa.iloc[:, :300].T ),
        cmap=plt.cm.gist_rainbow_r ); ax.invert_yaxis()
```

スペクトロ
グラム作成

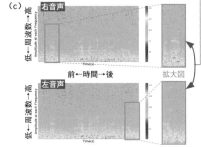

周波数特性が
違うため、
別の音源だと
明らかにわかる

(c)

右音声

前←時間→後　　拡大図

左音声

音の大きさと音源方向を描くことで、「音源を可視化する動画」を作り出すPythonコードが**図5**です。本コードを実行し、生成された動画 から、数枚のスクリーン・ショットをピックアップした例が**図6**です。

　イタリア、ローマの街、そこにある「人の流れ」や「雑踏の中を流れる音」を可視化した映像を、バイノーラル録音のステレオ音声とともに体験すると、少し不思議な心地になります。視覚で音を眺める（聴く）体験映像は、視覚と聴覚を奇妙にシャッフルさせ、五感が不思議

▼図4　時系列的な左右チャンネルの（周波数的な）音声情報から、刻々の音源方向を生成

```
positionNum = 1000
positionAve = positionNum/2
positions = []
for n in range( len( r_amps ) ):
    pos = np.zeros( positionNum )
    for i in range( round(w/2) ):
        if r_amps[n][i] != 0 and l_amps[n][i] != 0:
            rl_ave = (r_amps[n][i] + l_amps[n][i])/2.0
            pos0 = r_amps[n][i] - l_amps[n][i]
            pos0 = 1.0 * positionAve + pos0*(2**15)/2.0*positionAve
            pos0 = int( np.clip( np.round( pos0 ), 0, positionNum-1 ) )
            if pos0 > 0 and pos0 < positionNum-1:
                pos[pos0] = pos[pos0]+rl_ave/(2**15)
    positions.append( pos )
pos = np.array(positions)
```

各周波数ごとの、左右音強度の比に応じて、音源位置を設定する

(a)

```
from matplotlib.colors import LogNorm

plt.imshow( pos, norm=LogNorm(vmin=0.0001,vmax=100) )
```

音源位置の分布を、時系列的に描いてみる

(b)
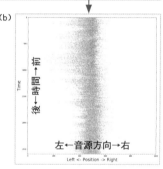

に混線・シャッフルされた感覚を受けるはずです。

≫ 音源方向を可視化する、 そんなカメラを作ってみよう!

　手抜き実装ですが、ステレオ録音された動画から、そこに写る被写体だけでなく、街に流れる音の源も、重ねて眺めることができる動画を作ってみました。こうしたPythonコードをスマホなどで動かせば、「音源位置を可視化するカメラ」も作ることができます。

　秒速30万キロメートルの速さでカメラのレンズに届く光を、その二次元方向とともに記録するのが普通のカメラ。それと似て非なる、空気中を秒速340メートルで進む音波を進行方向とともに記録するカメラ、そんなものを作ってみるのも面白いかもしれません。

▼図5　時系列推定した音源分布を、元動画に重ねて描画するコード

```
import cv2

cap = cv2.VideoCapture( 'short.mp4' )
w = round( cap.get(cv2.CAP_PROP_FRAME_WIDTH) )
h = round( cap.get(cv2.CAP_PROP_FRAME_HEIGHT) )
frame_n = round( cap.get(cv2.CAP_PROP_FRAME_COUNT) )
fps = round( cap.get(cv2.CAP_PROP_FPS) )
fourcc = cv2.VideoWriter_fourcc('MJPG')
out = cv2.VideoWriter( 'short.avi', fourcc, fps, (w,h) )

n = 0
while( cap.isOpened() ):
    ret, frame = cap.read()
    if ret:
        audiopos = int( np.clip( float(n) / frame_n * pos.shape[0],
                                 0, pos.shape[0]-1 ) )
        heatImgLine = np.zeros( (h, w, 3), np.uint8 )
        heatImgFill = np.zeros( (h, w, 3), np.uint8 )
        for i in range( len( pos[ audiopos ] ) ):
            wpos = int( float(w) * i / positionNum )
            heatImgLine = cv2.circle( heatImgLine, ( wpos, int(h/2) ),
                             10*int(pos[ audiopos, i ]), (0, 0, 255), 2)
            heatImgFill = cv2.circle( heatImgFill, ( wpos, int(h/2) ),
                             10*int(pos[ audiopos, i ]), (0, 0, 255), -1)
        frame = cv2.addWeighted( frame, 1.0, heatImgLine, 0.3, 1.0)
        frame = cv2.addWeighted( frame, 1.0, heatImgFill, 0.2, 1.0)
        out.write( frame ); n = n + 1
    else:
        break
cap.release(); out.release()

clip_output = mp.VideoFileClip('short.avi').subclip()
clip_output.write_videofile('result.mp4', audio='short.mp3')
```

動画に「音源位置を重ね合わせるために」必要な情報を手に入れておく

←映像と音声情報をすべて書き込むためのファイルを生成する

映像タイミングに応じた、音源分布を読み込む

映像に音源分布を描画するための画像バッファを作成

その瞬間の音源方向に赤円形描画

動画に重ね合わせる

←音源描画画像を動画として書き込み

OpenCVで描いた動画ファイルと、音声ファイルを合成する（図2冒頭と逆）

▼図6　イタリア・ローマの街並みで撮影された、二次元的な（秒速30万キロメートルの）電磁波と一次元的な秒速340メートルの音波、その二次元分布を時間推移で可視化した結果

Python/Pyoで万能シンセサイザーを作る

ソフトで「音を楽しむ可能性」を最大限に拡張してみる

>>> **音を自由に楽しむことができる環境をプログラミングで作る**

　派手にピカピカ光ったり、ピコピコと魅力的な音を奏でるアプリケーションは、最初に作る入門的コンピュータ・プログラムとして、とても魅力的です。自分が書いたプログラムの動作結果を、自分の五感で体感できるという達成感は、とてもリアルで楽しいからです。

　今回は、Pythonでミュージック・シンセサイザー（**図1**）を作り、機能を拡張していきます。目的は、誰でも自由に音を楽しむことができる音楽環境を作ること、です。

>>> **数行のPythonコードを書くだけで、**
　　シンセサイザーができあがる!

　Pythonにはさまざまなライブラリが用意されていますから、最小限のシンセサイザー機能であれば、数行のPythonコードを書くだけで実現することができます。デジタル信号処理のために書かれたPyo[注1]を使い、画面上にソフト

注1）　**URL** https://github.com/belangeo/pyo

▼図1　シンセサイザーの例（ローランド JP-8000）[https://fr.m.wikipedia.org/wiki/Fichier:Roland_JP-8000.jpg より]

▼図2　Pyoを使い、数行のPythonコードで「シンセサイザー」を作る

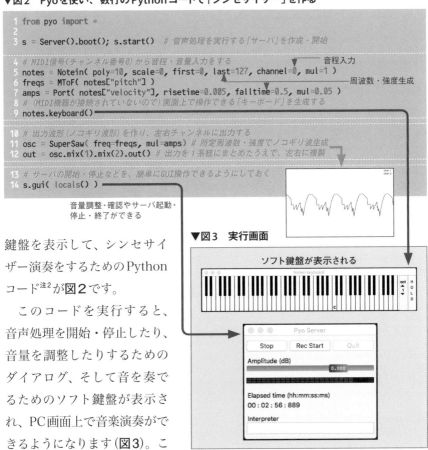

```
1  from pyo import *
2
3  s = Server().boot(); s.start()  # 音声処理を実行する「サーバ」を作成・開始

4  # MIDI信号(チャンネル番号0)から音程・音量入力をする          音程入力
5  notes = Notein( poly=10, scale=0, first=0, last=127, channel=0, mul=1 )
6  freqs = MToF( notes["pitch"] )                                周波数・強度生成
7  amps = Port( notes["velocity"], risetime=0.005, falltime=0.5, mul=0.05 )
8  # (MIDI機器が接続されていないので)画面上で操作できる「キーボード」を生成する
9  notes.keyboard()

10 # 出力波形(ノコギリ波形)を作り、左右チャンネルに出力する
11 osc = SuperSaw( freq=freqs, mul=amps )  # 所定周波数・強度でノコギリ波生成
12 out = osc.mix(1).mix(2).out()  # 出力を1系統にまとめたうえで、左右に複製

13 # サーバの開始・停止などを、簡単にGUI操作できるようにしておく
14 s.gui( locals() )
```

音量調整・確認やサーバ起動・
停止・終了ができる

▼図3　実行画面

ソフト鍵盤が表示される

鍵盤を表示して、シンセサイザー演奏をするためのPythonコード[注2]が図2です。

　このコードを実行すると、音声処理を開始・停止したり、音量を調整したりするためのダイアログ、そして音を奏でるためのソフト鍵盤が表示され、PC画面上で音楽演奏ができるようになります(図3)。このコードは、ローランド社のシンセサイザーJP-8000(図1)の音波形(ノコギリ波形)発生機能を部分的に模したものなので、由緒正しいシンセサイザーを簡易的に再現したものです。

≫ スマホを楽器鍵盤にしてしまえば、シンセ演奏はとても簡単!

　マルチタッチ可能なディスプレイを備えたPCであれば、ソフトキーボードでの演奏もできるかもしれません。しかし、マルチタッチでなかったり、そもそもタッチ方式のディスプレイではなかったりする場合、鍵盤をマウス操作で

注2）　コードは本書のサポートページを参照。mymusicstudio4sdディレクトリにあります。

演奏するのは大変です。そこで、無料アプリを使い、スマホやタブレットを楽器鍵盤に変身させて、シンセサイザーを演奏できるようにしてみます。

Androidデバイスであれば MIDI Keyboard[注3]、iOSデバイスなら、MIDI Keys[注4] といったソフトウェアを使うと、電子楽器機器間で演奏情報を転送・共有するための共通規格MIDIを使い、スマホやタブレットの画面を楽器鍵盤としてPCに演奏情報を送ることができます。

▼図4　スマホをPCにつなぎ、MIDIキーボードソフトを起動する

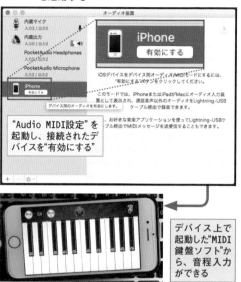

たとえば、図4（macOS上での設定例）のようにスマホをPCに接続したうえで、図5のPythonコードを実行すると、スマホやタブレット画面上の鍵盤から、シンセサイザーを演奏することができるようになります。

注3)　(URL) https://play.google.com/store/apps/details?id=com.dreamhoundstudios.keyboard
注4)　(URL) https://apps.apple.com/us/app/midikeys-midi-controller/id363609665

▼図5　接続MIDI機器情報を確認し、MIDI鍵盤から、音量設定するようにコード変更

▼図6　音の広がりや豊かさが感じられるように、エフェクター（音声加工）処理を追加

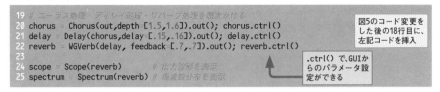

```
19  # コーラス処理・ディレイ処理・リバーブ処理を順次かける
20  chorus  = Chorus(out,depth=[1.5,1.6]).out(); chorus.ctrl()
21  delay   = Delay(chorus,delay=[.15,.16]).out(); delay.ctrl()
22  reverb  = WGVerb(delay, feedback=[.7,.7]).out(); reverb.ctrl()
23
24  scope   = Scope(reverb)       # 出力波形を表示
25  spectrum = Spectrum(reverb)   # 周波数分布を表示
```

図5のコード変更をした後の18行目に、左記コードを挿入

.ctrl()で、GUIからのパラメータ設定ができる

音加工処理・パラメータ変更・波形描画機能も付けてみよう!

　音楽シンセサイザーの利点は、パラメータ設定を変えるだけで、さまざまな音波形を出力できるということです。そこで、そんなシンセサイザーの楽しみを実感できるように、音波形（ノコギリ波形）の設定をインタラクティブに調整・変更できるようにしてみます。また、「出力音に空間的な広がりや豊かさを加える、音信号加工機能（エフェクター）」や「出力波形や周波数分布をリアルタイム描画する機能」も追加してみましょう。

　そのような機能追加を行ったコードが図6です。実行すると、音波形を眺めながら、出力する音色をリアルタイムに変更することができるようになります（図7）。さらに、音の複雑な重なりや残響効果をエミュレートする、コーラス、ディレイ、リバーブといった信号加工処理が加わると、スマホを使ったシンセサイザー演奏が、まるで歴史ある大聖堂でパイプオルガンを演奏しているかのような豊かな音に変わります。

▼図7　矩形波発生やエフェクター（音声加工）処理のパラメータを変え、出力波形を見ながら演奏できる

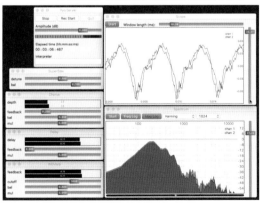

マイクに向かい口ずさめば、大聖堂の歌声になる!

　鍵盤楽器を弾くだけでなく、「弾き語りもしたい」と思う人も多いでしょう。

▼図8 シンセサイザー音に加えて、PCのマイクから音声入力を重ねて出力

```
15  # 出力波形（ノコギリ波形）を作り、左右チャンネルに出力する
16  osc = SuperSaw( freq=freqs, mul=amps) # 所定周波数・強度でノコギリ波生成
17  mic = Input().play(); mic.ctrl() # マイクからの音声を入力、シンセ音と合成（下行）
18  out = (osc+mic).mix(1).mix(2).out() # 出力を1系統にまとめたうえで、左右に複製
```

図6のコード変更を
した後の15〜17行
目を、左記コードで
入れ替え

そこで、PCのマイク端子から音声を取り込んだ上で、残響効果のようなエフェクター処理を歌声にも掛けるようにしてみます（コード例が**図8**）。このようにコードを試してみると、シンセサイザーを伴奏にして歌う声が、雰囲気良く気持ち良く美しく響くようになります。大聖堂で歌う独唱者のような気分になるはずです。

≫ 100円ギターにマイクを取り付け、ロックギタリストに変身だ！

「オレは鍵盤を弾くより、ロケンロールなギターをキメたいぜ！」というロックな人もいるかもしれません。そんな人は、百円ショップで買ったギター（**図9**）にPCマイクを貼り付けて、Pythonコードを**図10**のように書き換えれば、シンセサイザーと一緒に演奏できるエレキ・ギターができあがります。

このPythonコード例では、マイクから入力されたギター音声信号に、ディストーションという「歪み」を生じさせる音声信号処理を掛けることで、ロックギターのような音を作り出しています。

▼図9 100円ギターにマイクを貼り付けて、エレキギターにしてみる

▼図10 （玩具ギターに貼り付けた）マイク入力の音声波形を歪ませて、ロック風に加工

```
15  # 出力波形（ノコギリ波形）を作り、左右チャンネルに出力する
16  osc = SuperSaw( freq=freqs, mul=amps); osc.ctrl() #所定周波数・強度でノコギリ波生成
17  mic = Input().play(); mic.ctrl() #マイクからの音声を入力、シンセ音と合成（下行）
18  guitar = Disto( mic ).out()      #（ロックギターのように）マイクが音信号を歪ませる
19  out = (osc+guitar).mix(1).mix(2).out() # 出力を1系統にまとめたうえで、左右に複製
```

図8のコード変
更をした後の15
〜18行目を、左
記コードで入れ
替え

▼図11　PCマイクに鼻歌を口ずさむと、その音程でシンセサイザーを演奏できる

```
5  # PCのマイク入力音声に対し「周波数・音量」を算出
6  mic = Input().play(); mic.ctrl()
7  freq = Tone( Yin(mic, tolerance=0.2, winsize=1024) ); freq.ctrl()
8  amp = PeakAmp(mic)

10 # 出力波形(ノコギリ波形)を作り、左右チャンネルに出力する
11 osc = SuperSaw( freq=freq, mul=amp ); osc.ctrl() # 所定周波数・強度でノコギリ波生成
12 out = osc.mix(1).mix(2).out() # 出力を1系統にまとめたうえで、左右に複製
```

図10のコード変更をした後の5〜19行目を、左記コードで入れ替え

マイク入力音声の周波数と音量を算出する(単音)

⋙ 楽器が弾けない人も楽しめる!?「鼻歌によるシンセ演奏」

　もしかしたら、「鍵盤楽器もギターも弾く才能がない……」と悲しくなる人もいるかもしれません。けれど大丈夫。そんなことで悩む必要はありません。図11は、「マイクに向かって鼻歌を口ずさむと、その音程・音量で、リアルタイムにシンセサイザー演奏がされる」というPythonコードです。

　このコード例では、マイクから入力された音信号の「音程(周波数)」と「音量(振幅強度)」をリアルタイム推定し、その音程・音量のシンセサイザー波形を生成することで、鼻歌によるシンセ演奏を実現しています。

　たとえば、シンセ音をロックギター風に設定して、マイクに向かい「ふふふふーん!」と口ずさめば、「ギュルルジャギャーン」とギターソロをキメることができます。あるいは、ベースギター的なシンセサイザーの音作りにして、「ふん!ふふふふふんふん!」と歌えば[注5]、「ボン!ボ・ボ・ボ・ボ・ボ・ボゥン!」とファンクなベースラインだって奏でることができるのです。

⋙ プログラミングは「人の能力や可能性」を拡張できる

　コンピュータ・プログラムを書けば、楽器が弾けない人でさえ、鼻歌でシンセサイザーを演奏することができるようになります。人のできることや能力、つまりは人の可能性を大きく拡張できることも、コンピュータ・プログラミングの素敵な魅力の1つかもしれません。

注5)　Pythonコード内で、推定された周波数を1/2くらいに低くする(1オクターブ音程を下げる)のが良いでしょう。

画像処理の研究

「理想の肉体に変身できる」
妄想カメラ

人体姿勢推定コードを使い大胸筋をマッチョに入れ替える

≫ とても簡単になった「画像からの人体姿勢推定」

2017年、カーネギーメロン大学(CMU)が機械学習による「画像から複数人体の姿勢を推定する技術(Realtime Multi-Person Pose Estimation)」を発表し、処理コードOpenPose[注1] も公開されました。その後、さまざまな深層機械学習を使った人体姿勢推定技術が提案され、最近では、スマホやブラウザ上ですらリアルタイム人体姿勢推定が可能な時代です。

そこで、今や古典となりつつあるOpenPoseを使い、カメラで写された人体の一部を(他の誰かと)入れ替えるアプリを作ってみます。具体的には、スマホアプリで定番の「顔交換カメラアプリ」、その体交換版を作ってみます[注2]。

OpenPoseは、CNN (Convolutional Neural Network) を使い、画像中の人体関節位置を求め、さらに関節のつながり関係から人体姿勢を推定します。実

注1) **URL** https://github.com/CMU-Perceptual-Computing-Lab/openpose(本コード作成時のOpenPose コードは、**URL** https://github.com/CMU-Perceptual-Computing-Lab/openpose/releases/tag/ v1.0.0-rc2です)
注2) コードは本書のサポートページを参照。fancyPoseディレクトリにあります。

▼図1 映画『ロッキー』の主人公になりきれない筆者近影にOpenPoseをかけてみる

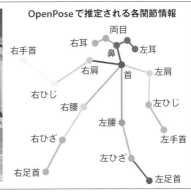

行には、NVIDIAのCUDAが動作するGPU搭載のPCが必要です。手順に沿っ
てOpenPoseをインストールすると（本記事はLinuxのUbuntuを使用してい
ます）、サンプルアプリのopenpose.binが作られます。実行コマンド例は次の
とおりです。

```
$ openpose.bin --image_dir 画像ディレクトリ --write_pose YAMLディレクトリ
```

　図1が、フィラデルフィア美術館の前で、映画『ロッキー』の主人公を真似てガッ
ツポーズをとる著者写真に、人体姿勢推定をかけてみた例です。

≫≫ 筋肉人体と体を交換!「私、脱いだら（筋肉）すごいんです!」

　それでは「体の一部を交換する」アプリを作っていきましょう。顔交換アプリ
が「顔の位置や大きさを調べて、顔パーツを入れ替える」のと同じように「人の
姿勢を推定して、推定された人体位置に"他人の体"を貼り付けることで、あ
たかも体の一部が入れ替わったような人体画像」を作り出していきます。

　「どんな体」に入れ替えるか？　今回は、どんな体でも「筋肉人体」に入れ替え
ることにします。つまり撮影された人物に、マッチョな他人の大胸筋を合成して、

▼図2　体の一部を入れ替える「体交換処理」の流れ

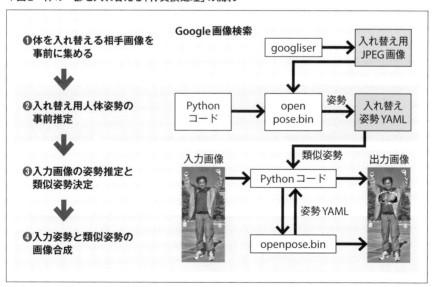

51

「私、脱いだら筋肉すごいんです」的な写真を作り出してみます。

処理の流れは、**図2**のように、

❶体を入れ替える相手（マッチョ肉体）画像を事前に集める
❷入れ替え用画像に対して、事前に人体姿勢を推定する
❸入力画像に対する姿勢推定と姿勢が類似する人体画像の選択
❹入力姿勢と類似姿勢の画像合成

という手順です。

まずは❶事前のマッチョ肉体の画像収集です。以下は、Google画像検索を介した画像収集ソフトgoogliser[注3]で、筋肉系の人体を集める手順例です。検索語句を"body building"として、画像ファイルのサイズ上限を指定して（単位はByte）、エラーファイルの許容数（failures）やリトライ数（retries）、ダウンロードするファイル上限数（number）などを決めて、「筋肉系の人体」画像を自動ダウンロードしています。

```
$ googliser.sh --phrase "body building" --title 'bodyBuilding'
--upper-size 900000 --lower-size 2000 --failures 40 --number 1000 --retries 3
```

この例は検索語句は"body building"ですが、別のフレーズを使えば、ほかの趣向の体交換アプリになります。

≫ PythonでOpenPoseを呼び出して人体姿勢推定

次が、❷入れ替え用人体姿勢の事前推定、です。画像検索で収集した筋肉マッチョ画像群にopenpose.bin を繰り返し実行して、収集画像と（人ごとの関節位置18箇所の X・Y座標・確率が並んだ）姿勢YAMLファイルを所定パスに格納します（**リスト1**）[注4]。

そして、❸入力画像の姿勢推定と（❷で作成した姿勢YAMLファイルを用いた）類似姿勢決定を行います。必要な処理は（❷と同様に）OpenPoseを起動して入力画像に対して処理を掛けて、YAMLで記述された関節座標を読み込み

注3）**URL** https://github.com/teracow/googliser
注4）コード（Jupyter Notebook）は本書のサポートページ参照。fancyPoseディレクトリにあります。

▼リスト1　収集した画像にopenpose.binを呼んで人体姿勢の事前推定を行う

```
import subprocess

# 画像ディレクトリと姿勢YAMLディレクトリを指定してopenpose.binを呼ぶ
def doOpenpose( imgDir, poseDir ): # imgDir:srcDir poseDir:dst dir of poses
    binPath = '. openpose.bin --image_dir '
    cmd = binPath + imgDir + ' --write_pose ' + poseDir + ' --no_display'
    proc = subprocess.call( cmd.strip().split(" "))
    return proc # return code
# 収集した画像群を一旦個別ディレクトリに入れてopenpose.binを呼ぶ
def DoOpenposeEach( imgDir,      # JPEG画像が入ったディレクトリ
                   workingDir,  # 姿勢YAMLと紐付けられた画像を格納するディレクトリ
                   poseDir ):   # 姿勢YAMLを格納するディレクトリ
    for filePath in findFilesInDirWithExtensions( imgDir, ['.jpeg', '.jpg'] ):
        fileNameWithExt = os.path.basename( filePath )
        fileName, ext = os.path.splitext( fileNameWithExt )
        dstDirPath = workingDir + fileName
        os.mkdir( dstDirPath )
        shutil.copy2( filePath, dstDirPath + "/" + fileNameWithExt )
        doOpenpose( dstDirPath, poseDir )
    ......（省略）......
# openpose.binを呼ぶ
DoOpenposeEach( './bodyBuilding_jpeg/',      処理するJPEG画像群
               './ bodyBuilding_result/',    姿勢YAMLと紐付けられた画像
               './ bodyBuilding _yaml/' )     姿勢YAMLを格納するディレクトリ
```

処理対象画像を個別のディレクトリに入れてそのディレクトリを指定してopenpose.binを実行

比較するだけ、とても単純な処理です。この部分は、3分クッキング風に作成済みのPythonクラス[5]を使えば、簡単です。

　その作業手順が**リスト2**です。まず、事前に収集した画像と姿勢YAMLファイルが事前格納されたディレクトリを引数に、OpenPose処理用クラスのインスタンスを生成します（a）。そして、入力撮影画像を格納したディレクトリと入力画像の姿勢YAMLを格納するディレクトリを引数に、OpenPoseを呼び出して、被写体の人体姿勢を推定します（b）。

　入力画像に対して被写体の人体姿勢を推定したら、作成済み関数を呼ぶだけで、事前収集画像から姿勢が類似した人体を選び出すことができます（d）。類似姿勢の決定手順は「関節座標位置の相対位置差」が最も小さいものを選ぶ、という単純なものです（e）。ちなみに、この処理では、「腰から頭の間を結んだ直線が長さ1で真上を向くように」体の大きさや向きをそろえた（＝正規化した）関節位置を用います。こうすることで、画像に写る人の大きさや向きが違っていても、上半身の姿勢がよく似た人物画像を選び出すことができます（c, d）。

注5）　**URL** https://github.com/hirax/fancyPose

▼リスト2 Poseクラスを使った❸入力画像の姿勢推定と類似姿勢決定

```
(a)  aPose = Poses()          # Poseクラスのインスタンスを作成する
     aPose.loadAndNormalizedPosesFromYamlDirectoryAsSubstitution(
         "./body_building_yaml/",   # 姿勢Yaml群の格納ディレクトリ
         "./body_building_jpeg")    # 画像ファイル群の格納ディレクトリ

(b)  if( doOpenpose( "./testImg", "./testYaml") == 0): #画像と姿勢YAMLを指定しopenpose実行
         srcId = aPose.loadAndNormalizePoseFromYamlFileAsSrc(
             "./testYaml/suit-2737910_1920_pose.yml", #入力画像ファイル名と同じYAMLを指定
             "./testImg/sit-2737910_1920.jpg")   # ./testImgに入れた入力画像ファイル

(c)  aPose.visuaizeImage(srcId)                    入力画像を表示してみる

(d)  similarId = aPose.findClosetPair(srcId)        類似姿勢を決定
     aPose.visuaizeImage(similarId)                 類似姿勢を表示してみる

(e) 類似姿勢の決定処理

     def findClosetPair(self, sourceID):      # sourceID姿勢に類似した別姿勢を抽出
         myNormalizedPose = self.normalizedPoses[sourceID]
         closetID = 0
         closetNormSum = sys.maxint
         for i, pose in enumerate(self.normalizedPoses):
             normSum = 0
             if(self.isFurSubstitution[i] and i!=sourceID): # (自分自身でない)置き換え画像
                 for j in [1,2,3,5,6,8,11]:
                     normSum=normSum+np.linalg.norm(pose[j]-myNormalizedPose[j])
                 if(normSum < closetNormSum):
                     closetID = i
                     closetNormSum = normSum   「(大きさや向きをそろえた)関節座標位置間の距離
         return closetID                        の和」が最も小さい姿勢を、類似姿勢として選ぶ
```

≫≫ 想像力の手を借りる「手抜き」合成で「超自然」にみせる

　あとは、❹入力姿勢と類似姿勢の画像合成、です。画像2枚に写った「姿勢が類似した2人」を、人体位置を使って画像合成すれば、体の一部が交換された画像になります。

　画像合成をする際、あたかも「紙が破れたような模様」で、画像合成の境界部を覆うマスク処理を入れると、まるで「衣服を破り内側を透視したような妄想撮影画像」となり、超自然に見えるようになります。そんな、想像力や妄想力を隠し味にしたマスク処理を実行するコードが次のようになります。

```
aPose.composeTwoImages(srcId, similarId, False, "./out")
```

　これで、超自然な「衣服を破り内側を透視した妄想撮影画像」が作り出せます（図3）。

▼図3　紙が破れたような模様で覆うマスク処理を行い「衣服を破り内側を透視した画像」を作る

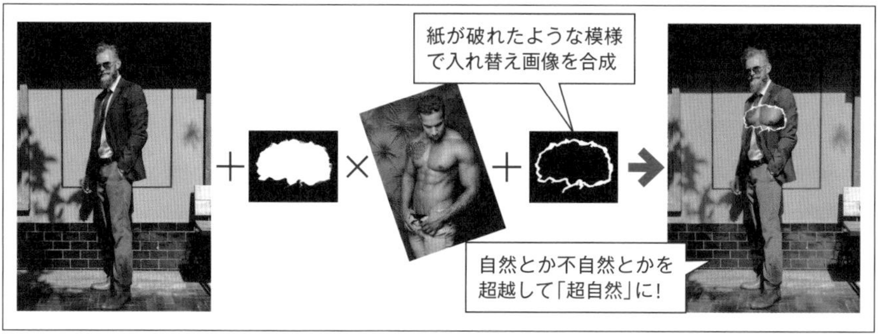

Python で Web アプリサーバを作り、スマホから使う

　せっかく作った妄想撮影処理ですから、スマホで動くカメラアプリにしたくなります。そこで、Poseクラスを使うPythonコードをWebアプリ化して、スマホから使えるようにしてみましょう。

　Pythonの軽量Webフレームワークbottleを使い、HTML 5の機能でスマホのカメラで写真を撮って、サーバにアップロードした撮影画像に（サーバ側で）姿勢推定や妄想画像合成処理をして、その処理画像をスマホに返す（処理画像URLにリダイレクトさせる）処理……そんな処理を書いてみたのが図4です。これで、スマホカメラで人を撮影すると、衣服の中に隠された「溢れる筋肉」が写し出されるカメラアプリができあがります。

「真を写す」写真でなく、妄想を念写するカメラもおもしろい!

　この妄想撮影カメラ、当初は「中学2年くらいの男子妄想を叶える」ために作ったものでした。「真を写す」と書くのが写真ですが、現実をあるがままに写すのでなくて、「あんなこといいな」「できたらいいな」の世界を想像し、妄想力で「オレが欲しい姿」を念写する妄想カメラも面白いのではないでしょうか。

▼図4 bottleとHTML5で、スマホカメラも使えるWebアプリにしてみる

```
import os, shutil
from bottle import route, run, template, request, static_file, url,
        get, post, response, error, abort, redirect, os
import sys, codecs, bottle_sqlalchemy, sqlalchemy, sqlalchemy.ext.declarative
sys.stdout = codecs.getwriter("utf-8")(sys.stdout)

@route("/static/img/<img_filepath:path>", name="static_img")
def static_img(img_filepath):
    return static_img(img_filepath, root="./static/img/")

@get('/upload')    ←URLにGETアクセスした時に表示するHTMLコード
def upload():
    return '''<h1>LOOK INSIDE! </h1><form action="/upload" method="post" enc
type="multipart/form-data"><input type="hidden" value="sample" name="name" />
<label>Capture/Chose<input type="file" name="upload" accept="image/*" style=
"display:none;"></label><label>Look inside!<input type="submit" value="Look
inside!" style="display:none;"></label></form>'''

@route('/upload', method='POST')  ←撮影画像をPOSTでアップロードされた時の人体姿勢
                                    推定や画像合成処理を行う
def do_upload():
    name = request.forms.name
    data = request.files.get('upload', '')
    if name and data and data.file:
        saveImgPath = "/home/openpose/tmpImg/"+name+".jpg"
        data.save(saveImgPath,overwrite=True)
        img = cv2.imread(saveImgPath, cv2.IMREAD_COLOR)
        if( doOpenpose( "./testImg/","./testPose/" ) >= 0):
            srcId = aPose.loadAndNormalizePoseFromYamlFileAsSrc(
                "./testPose/"+name+"_pose.yml", saveImgPath)
            similarID = aPose.findClosetPair(srcId)
            outImgPath = "./static/img/"+name+".jpg"
            aPose.composeTwoImages(srcId, similarID, False, outImgPath)
            redirect("/static/img/"+name+".jpg", 301)
```

上記コードを書いたうえで、実行する

```
run(host='0.0.0.0', port=80)  # jupyterの場合
# jupyterでない場合
# run(host='localhost', port=80, debug=True, reloader=True)
```

これでhttp://サーバア
ドレス/uploadに行くと、
「カメラアプリ」が動くよ
うになる

ページにアクセスす
る（右例では装飾用
のHTMLコードを追
加しています）

スマホカメラで撮影
した画像に、妄想撮
影の画像処理をする

銀塩写真をスマホカメラで再現してみる
一番好きな思い出は、一番似合うフィルムの色で染めてやる

≫ スマホで「銀塩写真」を撮ってみよう!

　デジタル方式のカメラが主流になったのは2000年代の前半。それ以前のカメラは、銀塩(ハロゲン化銀)を感光剤にした写真フィルムを使う銀塩写真方式でした(図1)。

　銀塩写真では、レンズが集めた光像を(銀塩)写真フィルムに記録します。そのため、カメラに挿入する写真フィルムしだいで、映し出される景色の色調や階調といったものが、まったく違うものに変化するのです。

　今回は、「銀塩写真が映し出す色調・階調をスマホで再現」してみることにします。そのための作戦は、

❶レンズが結像した光量画像を記録する
❷「フィルムにあたる光量しだいで、現像後の濃度がどうなるか」を示す「フィルムの特性曲線」を用意する
❸特性曲線を使い光量画像を濃度画像に変換し、写真フィルムの色調・階調を再現する

というものです。

≫ フィルムにあたる光量画像を、RAW撮影で記録する

　「レンズが結像した光量画像の記録」は、2つの方法、

1. RAW撮影により光量画像

▼図1　銀塩写真フィルムとカメラ(https://www.maxpixel.net/Photography-Vintage-Roll-Camera-Movie-Nostalgia-3651407)

▼図2　iOS で RAW 画像撮影をする Python（Pythonista）コード例

```
from manualCapture import *
@on_main_thread
def main():# 引数は、[撮影向き、露出設定、露出時間(1/denominator)、ISO値、レンズ焦点モード]
    # 焦点距離、色温度、ライト設定、画像ファイル名、アルバム名、画像形式、numpy保存有無
    manualCapture( AVCaptureVideoOrientationLandscapeRight, AVCaptureExposureModeLocked,
    1, 240, 50,AVCaptureFocusModeLocked, 0.7, [6000., 0.], [AVCaptureTorchModeOff, 0.01],
    "img_", 'Pythonista Album','.DNG', True )
main()
```

を記録

2. 通常撮影画像を変換し光量画像を生成

で作り出すことができます。高精度な方法が前者で、簡単なのが後者です。どちらの方法を使ってもかまいませんが、まずは、RAW 撮影をして、RGB（赤・緑・青）の光量画像を直接記録する、前者の方法をやってみます。

　最近の（デジカメ含む）スマホには、RAW 撮影と呼ばれる、撮像素子に届いた光量におおよそ比例する「素の（RAW）」信号値を記録する撮影モードが備えられています。

　Android や iOS といったスマホ、あるいは各社のデジカメでも、普通の色画像だけでなく RAW 画像も同時に保存するモードやアプリがあります。そんなアプリやカメラで RAW 撮影をして、Python に読み込むと、RGB 光量画像が手に入ります。

　図2 は、iOS デバイスで、RAW 撮影を行う Python（Pythonista）コード[注1]例です。このコード を iOS/Pythonista から実行すると、カメラ撮影が行われ、撮影された RAW 画像が DNG フォーマットとして記録されると同時に、RAW 画像内容が Python の numpy アレイのバイナリファイルとしてもシリアライズ記録されます。このような RAW 撮影を行ったうえで、図3 のような Python コード[注2]を書くと、RGB 光量画像を処理することができるようになります。

　図3 のコードで注意が必要な部分、それはコード後半の「モニタ表示や誌面印刷のため」として、「RGB 光量画像を階調変換」している部分です。一般的に使われる PC モニタ表示や印刷工程では、（ガンマ値2.2の）階調変換を行うことを前提としたものが多いものです。そのため、その逆変換を「画像に対して

注1）　iOS デバイスのカメラを使った、Python(Pythonista) によるマニュアル撮影の詳細は第6章6-1節「スマホのカメラで三次元顕微鏡を作る〜Pythonista で iOS デバイスのカメラを制御してみよう」を参照ください。
注2）　コードは本書のサポートページを参照。filmcameraEmulation ディレクトリにあります。

▼図3 RAW撮影結果から光量画像を生成し、さらに表示用に階調変換したsRGB画像を生成するPythonコード

RAW画像から光量画像を生成

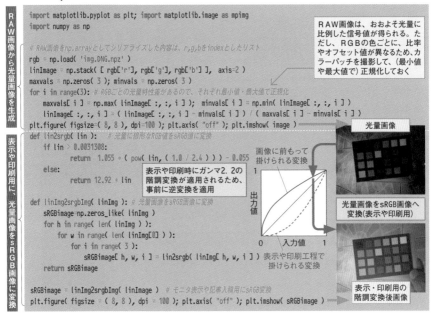

```
import matplotlib.pyplot as plt; import matplotlib.image as mpimg
import numpy as np

# RAW画像をnp.arrayとしてシリアライズした内容は、r,g,bをindexとしたリスト
rgb = np.load( 'img.DNG.npz' )
linImage = np.stack( [ rgb['r'], rgb['g'], rgb['b'] ], axis=2 )
maxvals = np.zeros( 3 ); minvals = np.zeros( 3 )
for i in range(3): # RGBごとの光量特性差があるので、それぞれ最小値・最大値で正規化
    maxvals[ i ] = np.max( linImage[ :, :, i ] );  minvals[ i ] = np.min( linImage[ :, :, i ] )
    linImage[ :, :, i ] = ( linImage[ :, :, i ] - minvals[ i ] ) / ( maxvals[ i ] - minvals[ i ] )
plt.figure( figsize=( 8, 8 ), dpi=100 ); plt.axis( "off" ); plt.imshow( image )
```

表示や印刷用に、光量画像をsRGB画像に変換

```
def lin2srgb( lin ):    # 光量に線形なRGB値をsRGB値に変換
    if lin > 0.0031308:
        return  1.055 * ( pow( lin, ( 1.0 / 2.4 ) ) ) - 0.055
    else:
        return 12.92 * lin

def linImg2srgbImg( linImg ): # 光量画像をsRGB画像に変換
    sRGBimage=np.zeros_like( linImg )
    for h in range( len( linImg ) ):
        for w in range( len( linImg[0] ) ):
            for i in range( 3 ):
                sRGBimage[ h, w, i ] = lin2srgb( linImg[ h, w, i ] )
    return sRGBimage

sRGBimage = linImg2srgbImg( linImage )  # モニタ表示や記事入稿用にsRGB変換
plt.figure( figsize = ( 8, 8 ), dpi = 100 ); plt.axis( "off" ); plt.imshow( sRGBimage )
```

RAW画像は、おおよそ光量に比例した信号値が得られる。ただし、RGBの色ごとに、比率やオフセット値が異なるため、カラーパッチを撮影して、(最小値や最大値で) 正規化しておく

表示や印刷時にガンマ2. 2の階調変換が適用されるため、事前に逆変換を適用

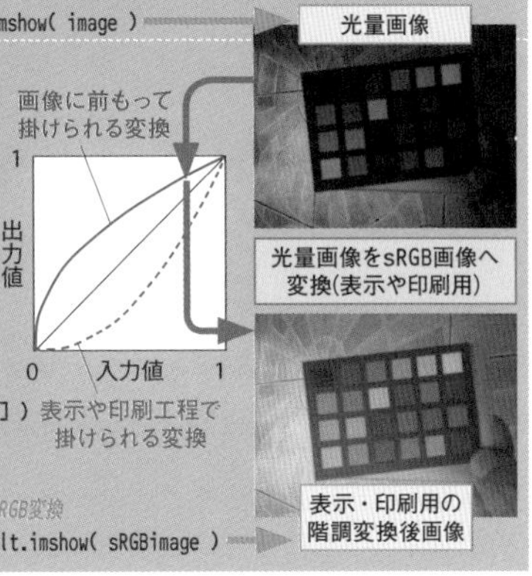
光量画像
画像に前もって掛けられる変換
1
出力値
0
入力値
1
表示や印刷工程で掛けられる変換
光量画像をsRGB画像へ変換(表示や印刷用)
表示・印刷用の階調変換後画像

事前に適用」しておかなければ、意図したとおりのRGB光量を再現する表示や印刷を行うことはできません。そこで、その手順に合わせるために、「モニタ表示や誌面印刷のため」として、「RGB光量画像を階調変換」を行っているのです。

実際、**図3**中のRGB光量画像には、そのような事前のガンマ変換が掛けられていないため、紙面上やモニタ上で眺めると「暗くハイコントラストな画像」として見えてしまいます。ちなみに、RAW撮影でない通常撮影をした時には、「画像保存時にすでに逆変換処理された、RGB光量には比例しない画像」[注3]となっているのです。

通常撮影画像から「光量画像」を作るのも簡単

RAW撮影を行うことで、精度が高い光量画像を記録することができる一方で「RAW撮影は面倒だ」という人もいることでしょう。そこで、次は、通常撮影から光量画像を作り出してみることにします。

注3) 詳細は割愛しますが、図中では「sRGB画像」と称しています。

▼図4 通常のJPEG撮影画像を光量画像に変換するPythonコード

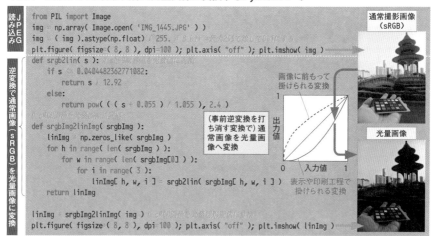

▼図5 銀塩写真の特性曲線として使うシグモイド関数を定義（＋表示）するPythonコード

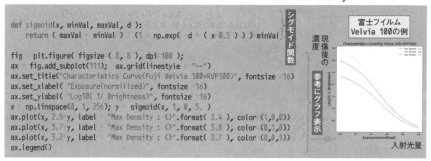

　前述のように、通常撮影画像とRGB光量画像は、（およそガンマ値2.2の）階調変換でつながれた関係になっています。そこで、この関係を使い、通常撮影画像をRGB光量画像に変換するPythonコードが図4です。スマホでやデジカメで通常撮影した場合でも、こんな処理を行うことで、RGB光量画像を手に入れることができます。

>>> 銀塩写真が生み出す画像を「特性曲線」で再現する!

　RGB光量画像（スマホカメラに入社したRGB各色の光量分布）が手に入ったので、次は、「写真フィルムにあたる光量から、（フィルム現像後の）最終画像

▼図6　特性曲線の入力ラチチュードとRGB最大濃度を使ってフィルム再現するPythonコード

```
def exposure2Density( linImg, latitude_top, latitude_bottom,
                      max_densities ): # max_densities = 3.44
    latitude = latitude_top - latitude_bottom
    img = np.zeros_like( linImg )
    for y in range( len( linImg ) ):
        for x in range( len( linImg[0] ) ):
            for i in range(3):
                exposureLog = np.log10( linImg[y, x, i] )

                normilizedExposureLog = ( exposureLog - latitude ) / latitude
                density = sigmoid( normilizedExposureLog,
                        max_densities[ i ], 0,3 )
                img[ y, x, i ] = 1.0-10**( density )
    return img  ┌ラチチュード(over, under)┐ ┌RGB各色の最大濃度┐

filmImg = exposure2Density( linImg, 1, -1, [3.4, 3.8, 3.7] )
sRGBFilmImage = linImg2srgbImg( filmImg )
plt.figure( figsize=(8, 8), dpi=100 ); plt.axis( "off" ); plt.imshow( sRGBFilmImage )
```

光量画像

富士フイルムVelvia 100の例
（表示印刷用にsRGB変換済）

の濃度」を計算する「フィルムの特性曲線」を作りましょう。

　「フィルムにあたる光量」と「フィルム現像後の画像濃度（濃度＝光量の逆数）」の関係は、両軸対数のグラフ上で描かれる「特性曲線」で表されます。大雑把に言ってしまえば「フィルムにあたる光量が強くなると、現像後画像の光量も強くなる」という「当たり前」の関係です。その関係を両軸対数のグラフ上に描くと、シグモイド関数状の非線形関係になっています。

　この光量と濃度の関係が、RGBの色ごとに違っていたりすることもあって、同じ光量画像からでも、現像された画像の色調や階調が写真フィルムごとに大きく異なってくるのです。

　特性曲線のパラメータは、たとえば、各種フィルムの特性をまとめたFilm Characteristics Table[注4]などに掲載されています。そこに掲載されているパラメータを使い、「RGB光量画像をフィルム現像後の画像に変換」するコードと結果例が図5と図6です。まず、図5部分で、特性曲線として使うシグモイド関数を作成し、その後に、特性曲線関数を使った変換をすることで、「富士フイルムのベルビア（Velvia）100」というフィルムの特性を再現した画像を作り出しています（図6）。

　さまざまな銀塩写真フィルムの特性曲線を使い、同じ風景を「現像処理」をしてみた結果例が図7です。同じ風景、同じ光を写したはずが、使う写真フィル

注4）　Film Characteristics Table（URL）http://www.cacreeks.com/films.htm）

ム次第で、その風景を包む空気も印象も、すべてが大きく変わってしまうことに驚かされるはずです。

>>> 一番大好きな思い出は、一番似合うフィルムの色で染めてやる

本記事の処理もコードも、とても簡易なものです。だから、正確な銀塩写真フィルムの色再現ができるものではありません。それでも、銀塩写真フィルムの特性に応じて変わる「異なる色調・階調の世界」が浮かび上がるさまを、スマホカメラを通じて眺めると、不思議な魅力を感じるのではないでしょうか。

　ずっと昔に銀塩写真カメラを使っていた人、銀塩写真は幼い頃の自分を写したものだったという人、あるいは、生まれる頃から写真はすでにスマホやデジカメだったという人も……今この瞬間に手に持つスマホを通して、「銀塩写真が映し出す世界」を眺めてみるのはいかがでしょう。

　あなたが切なく懐かしく思い出す景色、一番大好きな思い出は、一体どんなフィルムの色調と階調が似合いますか？

▼図7　さまざまな銀塩写真フィルムの色・階調再現を行った例（ネガフィルムの印画紙特性は無視しています）

富士フイルム Velvia 100風	コダック Kodachrome 25風	コダック エクタクローム100s風

アグファ Ultra 100風	富士フイルム 旧Fuji HG 1600風

カメラを２台並べて
「奥行きや色」を計測しよう
ステレオ撮影カメラで「立体的で質感豊かな世界」を記録しよう

≫≫≫ 全周囲撮影もステレオVR180撮影もできるInsta 360 EVO

　目の前にある世界を、なるべく情報豊かに「撮って残しておきたい」と思っています。2019年の春にInsta 360[注1]が発売した小型デジカメInsta 360 EVOは、2つの超魚眼カメラを備え、全周囲（VR360）撮影とステレオVR180撮影の両方を（形を変えることで）可能にするという、面白いカメラでした。そこで、Insta 360 EVOを使って、目の前にある世界の三次元形状や色を計測して、情報豊かに世界を再現することに挑戦してみます。

≫≫≫ カメラを３次元計測器にするために、カメラ情報を計測する

　複数視点からの撮影画像を使って三角測量を行うと、カメラで撮影した被写体に対する三次元形状を計測することができます。そんなカメラ撮影による三角測量を行う場合、複数カメラ間の位置関係や、カメラのレンズ特性といった、カメラ情報が必要になります。

　そこで、まずは、カメラの位置関係やレンズ特性といったカメラ情報を、「キャリブレーション」撮影することで手に入れてみることにします。　具体的には、チェ

注1）　Insta 360 （**URL** https://www.insta360.com）

▼図1　VR360／ステレオVR180が撮影できる「Insta 360 EVO」

スボード（市松模様）画像注2（図2 (a)）を被写体にして、チェスボードの方向を変えながら何枚もステレオ撮影を行ってから、図2 (b) のPythonコード注3を実行すると、レンズ特性（超魚眼レンズの焦点距離や歪特性）がわかります。そしてまた、2台のカメラ間の位置関係や方向関係は、同じチェスボードを左右カメラで同時に計測することで、わかります。そして、得られた特性を使って補正を行うことで、左右のカメラが「理想的な平行配置カメラ」で撮影したかのような「ステレオ撮影画像」注4に変換します（図2 (c)）。

試しに、タイのバンコクにある寺院で、Insta 360 EVOを使って撮影した画像に対して、処理を行った結果例が図2 (d) です。画像の歪みなどが除去された「平行配置のステレオカメラ撮影画像」が生成されていることがわかります。

ワンショットで二次元距離計測をしてみる

平行配置ステレオ撮影画像ができたら、あとは、図3 (a) のようなコードを実行すると、左右カメラ間から見た時の（左側から撮影した画像の画素位置を基準とした）各画素位置の視差量マップが算出できます。視差量と（図2 (c) で求めた）左右カメラの幾何情報を使うと、三角測量することができます。つまり、対象物の三次元形状を手に入れることができるのです。

得られた三次元形状を、「撮影画像の色」と合わせて「三次元点群」として出力（.PLY形式）するコードが図3 (c) です。.PLY形式の画像を（たとえばMeshLabで）読み込み・表示すれば、三次元点群に色をつけてさまざまな方向から立体的に眺めることもとても簡単です。図3 (c) の右下図は、MeshLabで三次元点群を表示した例です。

三次元形状だけでなく、方向依存の見え方も再現したい

撮影画像のRGB色情報から色を決め、左右から撮影した画像間の視差から計算した三次元位置を使えば、三次元的な見え方を再現することができるようになります。……といっても「撮影画像のRGB色情報」とは、どの方向から見

注2) **URL** http://opencv.jp/sample/pics/chesspattern_7x10.pdf
注3) コードは本書のサポートページを参照。insta360evoCaliblationディレクトリにあります。
注4) 平行配置されたステレオカメラ撮影画像を作り出すことを「平行化」と呼んだりします。

▼図2 Insta 360 EVOのステレオカメラ特性を推定するPython処理コード

(b) チェスボードを撮影した画像の歪み特性を推定し、取り除くPythonコード

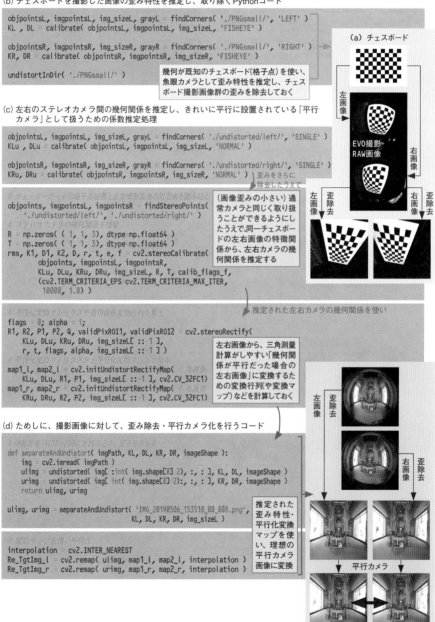

```
objpointsL, imgpointsL, img_sizeL, grayL = findCorners( './PNGsmall/', 'LEFT' )
KL , DL = calibrate( objpointsL, imgpointsL, img_sizeL, 'FISHEYE' )

objpointsR, imgpointsR, img_sizeR, grayR = findCorners( './PNGsmall/', 'RIGHT' )
KR, DR = calibrate( objpointsR, imgpointsR, img_sizeR, 'FISHEYE' )

undistortInDir( './PNGsmall/' )
```

幾何が既知のチェスボード（格子点）を使い、魚眼カメラとして歪み特性を推定し、チェスボード撮影画像群の歪みを除去しておく

(c) 左右のステレオカメラ間の幾何関係を推定し、きれいに平行に設置されている「平行カメラ」として扱うための係数推定処理

```
objpointsL, imgpointsL, img_sizeL, grayL = findCorners( './undistorted/left/', 'SINGLE' )
KLu , DLu = calibrate( objpointsL, imgpointsL, img_sizeL, 'NORMAL' )

objpointsR, imgpointsR, img_sizeR, grayR = findCorners( './undistorted/right/', 'SINGLE' )
KRu = calibrate( objpointsR, imgpointsR, img_sizeR, 'NORMAL' )
```
歪みをさらに除去したうえで

```
# チェッカーボードの格子点座標と左右撮影画像の対応点を読み込む
objpoints, imgpointsL, imgpointsR = findStereoPoints(
    './undistorted/left/', './undistorted/right/' )
# ステレオカメラの幾何関係を推定
R = np.zeros( ( 1, 1, 3), dtype=np.float64 )
T = np.zeros( ( 1, 1, 3), dtype=np.float64 )
rms, K1, D1, K2, D, r, t, e, f = cv2.stereoCalibrate(
    objpoints, imgpointsL, imgpointsR,
    KLu, DLu, KRu, DRu, img_sizeL, R, T, calib_flags_f,
    (cv2.TERM_CRITERIA_EPS+cv2.TERM_CRITERIA_MAX_ITER,
     10000, 1.0) )
```

（画像歪みの小さい）通常カメラと同じ取り扱うことができるようにしたうえで、同一チェスボードの左右画像の特徴関係から、左右カメラの幾何関係を推定する

推定された左右カメラの幾何関係を使い

```
# 平行化変換マトリクスや透視投影変換行列を算出
flags = 0; alpha = 1;
R1, R2, P1, P2, Q, validPixROI1, validPixROI2 = cv2.stereoRectify(
    KLu, DLu, KRu, DRu, img_sizeL[ ::-1 ],
    r, t, flags, alpha, img_sizeL[ ::-1 ] )
# 平行化変換マトリクスから平行視点マップを作る
map1_l, map2_l = cv2.initUndistortRectifyMap(
    KLu, DLu, R1, P1, img_sizeL[ ::-1 ], cv2.CV_32FC1)
map1_r, map2_r = cv2.initUndistortRectifyMap(
    KRu, DRu, R2, P2, img_sizeL[ ::-1 ], cv2.CV_32FC1)
```

左右画像から、三角測量計算がしやすい「幾何関係が平行だった場合の左右画像」に変換するための変換行列や変換マップ」などを計算しておく

(d) ためしに、撮影画像に対して、歪み除去・平行カメラ化を行うコード

```
# 撮影画像（1200×2400）を読み込んで、歪み除去する
def separateAndUndistort( imgPath, KL, DL, KR, DR, imageShape ):
    img = cv2.imread( imgPath )
    ulimg = undistorted( img[ :int( img.shape[0]/2), :, : ], KL, DL, imageShape )
    urimg = undistorted( img[ int( img.shape[0]/2):, :, : ], KR, DR, imageShape )
    return ulimg, urimg

ulimg, urimg = separateAndUndistort( 'IMG_20190506_153518_00_008.png',
                    KL, DL, KR, DR, img_sizeL )

# 変換マップを使い平行化
interpolation = cv2.INTER_NEAREST
Re_TgtImg_l = cv2.remap( ulimg, map1_l, map2_l, interpolation )
Re_TgtImg_r = cv2.remap( urimg, map1_r, map2_r, interpolation )
```

推定された歪み特性・平行化変換マップを使い、理想の平行カメラ画像に変換

▼図3 左右（ステレオ）撮影画像から、視差量・3次元形状・方向を変えた際の色変化を算出する

(a) 平行カメラ画像から（左撮影画像基準の）各画素の視差量（視差マップ）を算出する

```
window_size = 0
left_matcher = cv2.StereoSGBM_create(
    minDisparity=0,
    numDisparities=16,  # 視差探索最大値（16の倍数）
    blockSize=11,  #ブロックマッチング・サイズ
    P1=8 * 3 * window_size ** 2, P2=32 * 3 * window_size ** 2,
    disp12MaxDiff=1, uniquenessRatio=10,
    speckleWindowSize=0, speckleRange=1,
    preFilterCap=63, mode=cv2.STEREO_SGBM_MODE_SGBM_3WAY
); right_matcher = cv2.ximgproc.createRightMatcher( left_matcher )

lmbda = 20000; sigma = 1.2; visual_multiplier = 1.0
wls_filter = cv2.ximgproc.createDisparityWLSFilter(
                matcher_left=left_matcher )
wls_filter.setLambda( lmbda ); wls_filter.setSigmaColor( sigma )

# 視差を計算する
displ = left_matcher.compute( Re_TgtImg_l, Re_TgtImg_r ).astype(np.float32)
dispr = right_matcher.compute( Re_TgtImg_r, Re_TgtImg_l ).astype(np.float32)
filteredDisp = wls_filter.filter( displ, Re_TgtImg_l, None, dispr )

cv2.imwrite( 'filteredDisp.png', filteredDisp )
```

左右画像を基準に、左右撮影画像間の視差を計算する

視差マップ推定の欠陥部を少なくするためのwlsフィルタ

平行カメラ画像

各画素で視差計算

視差マップ（各画素の視差量）

(b) 「同じ場所」の「方向を変えた際の色」算出のため、視差マップを使い右画像を左画像に位置合わせする

```
x = np.array( [ x for x in range( ulimg.shape[1] ) ] )
y = np.array( [ y for y in range( ulimg.shape[0] ) ] )
idx_x, idx_y = np.meshgrid( x, y )
idx_x_r = cv2.remap( idx_x, idx_x.astype(np.float32)-filteredDisp/16.0,
                idx_y.astype(np.float32) , interpolation )
Re_TgtImg_r2 = cv2.remap( Re_TgtImg_r, idx_x_r.astype(np.float32),
                idx_y.astype(np.float32) , interpolation )
cv2.imwrite('ImageR2.png', Re_TgtImg_r2)
cv2.imwrite('ImageL2.png', Re_TgtImg_l)
```

視差マップを使い、右画像を左画像に合わせる

左方向から見た色 / 右方向から見た色

視差マップと右撮影画像を使い、左画像の各画素部位で右方向から見た際の色を生成する

(c) 推定された視差・投影行列を使い、左右方向から見た3次元点群・色を生成する

```
# 視差画像から、透視投影変換行列を使って、x,y,z座標&色点群を生成
pts = cv2.reprojectImageTo3D( filteredDisp/16.0, Q )
rgbs = cv2.cvtColor( Re_TgtImg_l, cv2.COLOR_BGR2RGB )
mask = filteredDisp/16.0 > 1
out_points = pts[ mask ]; out_colors = rgbs[ mask ]
write_ply( "colorL.ply", out_points, out_colors )  # 左視点色で点群保存
rgbs2 = cv2.cvtColor( Re_TgtImg_r2, cv2.COLOR_BGR2RGB )
out_colors2 = rgbs2[ mask ]
write_ply( "colorR.ply", out_points, out_colors2 )  # 右視点色で点群保存
```

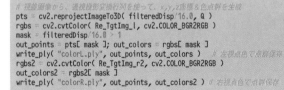

左方向から見た3次元点群と色 / 右方向から見た3次元点群と色

3次元点群に、各方向から見える色を付けたうえで、PLYファイルで出力し、MeshLabで表示する

た色のことでしょうか？　ステレオカメラでは、対象物を左右の異なる2方向から眺めていますが、一体どの方向から見た色のことでしょう？

　現実世界にある物体の表面からは、方向によって違う色や強さの光が放たれています。観察方向を変えれば、きらめく反射の様子が違って見えたり、色が変化して見えたりする素材や物体も多いものです。

　一般的なステレオ撮影画像からの三次元形状・色の推定では、「色は片方の撮影画像（たとえば左画像）を使い、もう片方の撮影画像（右画像）色情報は使

わない」という方法が一般的です。けれど、せっかく2方向からステレオカメラで撮影しているのであれば、両側の撮影画像の色情報を使ってみたくなります。

そこで、（左右画像が何画素ズレていたかを表す）視差情報を使って、（左撮影画像の画素位置を基準に）右画像の画素を変形補正することで、「撮影対象物の各部位が、左右方向からどのような色に見えるか」[注5]を表す「2枚の色画像」を作り出します（図3(b)）。これで、ステレオカメラのワンショット撮影から、被写体の「三次元形状情報」と「複数（2方向）観察方向から見た色（変化）を表す情報」が得られたことになります。

≫≫≫ 視点変更や立体ディスプレイ表示にも挑戦してみる

対象物の三次元情報と、観察方向を変えた際の色変化を表す情報を使い、視点を変更した際の見え方を、WebGLを使って、ブラウザ上でインタラクティブに眺めてみた例が図4です。視点位置を変えて眺めれば、眺め方の変化にともない生じる三次元的な見え方の変化、そして色や光り方の変化を、それらをリアルに眺めることができるようになります。

図5は、高品質なレンチキュラー方式の立体ディスプレイであるThe Looking Glassで表示してみた結果です。紙面上では伝わらないかと思います

注5）「向きに応じた色情報」のことを、変角色情報と呼んだりします。

▼図4　視差（≒距離）マップと、左画像・（左画像の画素位置に合わせた）右画像を使いブラウザ
　　　上で疑似3D表示してみた例（誌面上では体験できないので、平行立体視がお勧めです）

左方向から見た際の三次元的な色や反射の見え方　　右方向から見た際の三次元的な色や反射の見え方

が、実際に眺めると「不思議なくらいの立体感、そして対象物の材質感や現実感」といったことがリアルに感じられて、思わず見とれてしまいます。

この表示処理手順については、次ページから（かなりマニアックにはなりますが）書いてみます。

▼図5 Insta360 EVOでワンショット撮影した画像から推定した3次元情報・角度色変化を使い、The Looking Glassで表示した例

WebGLや立体ディスプレイで立体質感表示する

Three.jsやThe Looking Glassで表現力高い表示に挑戦してみる

>>> 眺め方しだいで「世界がどう見えるか」は変わるもの

身近にあるものや遠くない距離にあるものは、「眺め方」に応じて「見え方」が変わります。眺める方向(や場所)が変わると、幾何的に見え方が違って見えることもあれば、対象物の表面や内部の特性を反映して、異なる方向には異なる色や強さの光が周囲に放たれていることもあるからです。

そのため、視点位置が少しだけ異なる左右の目には、少しだけ違う光が届き、少しだけ違う姿が見えます。その左右の目が見る姿の違いから、立体感や材質感あるいは質感といった情報を感じることもあります。

今回は、ステレオ撮影、つまり、異なる2つの視点からの撮影画像をもとに作成された、三次元情報と(観察方向を変えた際の)色変化を表す情報を使い、「眺める方向に応じた見え方」を再現してみます[注1]。

>>> 立体・質感情報を「眺め方」に応じた「見え方」で表示する

前節では、2つの超魚眼カメラを備え、

・全周囲 (VR360) 撮影
・ステレオ半球 (VR180) 撮影

ができるInsta 360 EVO カメラ (図1) の撮影画像から被写体の、

・三次元形状情報 (距離マップ)
・観察方向を変えた際の色変化を表す情報

▼図1　360VR/ステレオVR180が撮影できるInsta 360 EVO

注1)　コードは本書のサポートページを参照。insta360evo Caliblation/extra ディレクトリにあります。

▼図2 Insta 360 EVOカメラの撮影画像から、空間的な幾何情報や変角色情報を推定する

左カメラ画像　右カメラ画像　　3次元形状情報　　左方向から見た色　右方向から見た色
　　　　　　　　　　　　　　　（距離マップ）　　（位置合わせ済み）（位置合わせ済み）

を作り出しました（図2）。

　三次元形状情報は、カメラの撮影画像の各画素について、カメラからの被写体までの距離を表したものです。一方、「観察方向を変えた際の色変化を表す情報」は、被写体のそれぞれの微小領域が「左方向から見た場合」と「右方向から見た場合」に、どんな違う色として見えるかを、「左方向から見た場合の色画像」と「左方向から見た場合の色画像」で表したものです。

　この「距離マップ画像」と「左右の色画像」を入力データとして、Webブラウザやレンチキュラー・ディスプレイのThe Looking Glassを[注2]使い、眺める方向に応じた適切な姿を表示する、つまりは立体感や質感を豊かに表示してみましょう。

≫≫ WebGLで「眺め方」に応じた「見え方」を再現する

　まずは、WebGLを使い、Webブラウザ上で眺め方に応じた見え方を再現してみます。

　眺め方に応じた色変化を表現する一般的な方法は、三次元の幾何情報とBRDF（Bi-directional Reflectance Distribution Function）と呼ばれる、眺める方向（角度）が変化した際に見える反射色の情報（今回は変角色情報と呼ぶことにします）を使う方法です。ステレオ撮影画像では、「2方向から眺めた、2方向限定の変角色情報」と「2方向からの視差情報を使った距離マップ」情報が手に入ります。それらの情報を使って、Webブラウザ上で左右方向の色変化を簡易に表現してみます。

注2） LOOKING GLASS FACTORY （**URL** https://lookingglassfactory.com）

距離マップ画像と(単一の)色画像を使って、疑似3D表示を行うWebGL サンプルコードをYuriy Artyukh氏が作成しています(2019/02/20のBLOG 記事 "How to Create a Fake 3D Image Effect with WebGL"[注3]、および、 Githubのソースコード "Fake 3D Image Effect with WebGL"[注4])。

Yuriy Artyukh氏のコードは、必ずしも正確な幾何立体表現をするものでは ありませんが、距離マップを使った視差に応じた見え方の変化を表現すること で、疑似的な立体表示をするものです。このコードは、観察方向によらず見え る色は変わらない(単一の色画像だけを使う)という実装になっています。そこ で、このコードを少し変更して、観察方向に応じた色表示を行わせ、眺め方に 応じた三次元幾何と変角色的な「見え方の変化」を表示させてみましょう。

≫ 疑似立体表現WebGLコードを変角色に簡易対応させる

図3は、Yuriy Artyukh氏による作成コードからの変更点を表したものです。 変更箇所はとても単純で、

変更点❶：単一の色画像を読み込んでいた部分を、(左視点から見た幾何位置 に合わせて画素合わせをした)左右からの色画像2枚を読み込むよ うにする

変更点❷：WebGLで表示する色を決めるコード(フラグメントシェーダ)で、 観察方向関係に応じて、「左右色画像の画素値に重み付けした結果」 を返すようにする(ユーザが、ブラウザ上の略平面物体を観察する 視点方向は、ブラウザ上のマウス位置から算出することができる)

というものです。

編集したコード を置いたフォルダで、

```
python -m http.server 8080
```

注3) **URL** https://tympanus.net/codrops/2019/02/20/how-to-create-a-fake-3d-image-effect-with-webgl/

注4) **URL** https://github.com/hirax/

▼図3　WebブラウザでWebGLを使い、観察方向に応じた見え方を再現するためのYuriy Artyukh氏コード"How to Create a Fake 3D Image Effect with WebGL"からの変更点

単一の色画像を読み込んでいた部分を、（左視点から見た幾何位置に合わせて位置合わせを行った）左右2方向からの2枚の色画像を読み込むようにする、HTMLファイルに対する変更点❶－A

単一の色画像を読み込んでいた部分を、（左視点から見た幾何位置に合わせて位置合わせを行った）左右2方向からの2枚の色画像を読み込むようにする, JavaScriptファイルに対する変更点❶－B（その他にも、同様の何点かの追加変更点があります）

WebGLのフラグメントシェーダで、観察方向（ブラウザ上のマウス方向）に応じて、「被写体の各微小領域から、左右方向に発せられる色情報を表した左右色画像」それぞれの色（画素値）に対する重み付けした結果を返す変更点❷

というようにhttpsサーバを立ち上げて[注5]、「https://localhost:8080」にアクセスすると、ブラウザ上で「観察方向を変えた際の、立体的な視差や方向に応じた色変化」を眺めることができます（図4）。

　また、スマホやタブレットからアクセスすれば、眺め方（スマホやタブレットの傾け方など）に応じた、インタラクティブな立体・質感表示がなされます（図5）。

　スマホやタブレットを使い、眺める向きを変えると、目に映る景色が変わる

注5）　https Webサーバは、他のARアプリ解説などと同様にPythonのWebフレームワークであるBottleで作っています。

▼図4　視差（≒距離）マップと、左画像・（左画像の画素位置に合わせた）右画像を使いWebブラウザ上で疑似3Dを行った例

左方向から見た際の三次元的・色や反射の見え方　　右方向から見た際の三次元的・色や反射の見え方

▼図5　スマホやタブレットであれば、センサーからの推定姿勢情報を使った、インタラクティブ表示がなされる

体験で遊んでみるのは、とても面白いはずです。

≫≫ The Looking Glassでリアルな立体感・質感を再現しよう

　WebGLを使ったWebブラウザでの立体・質感表示を使うと、眺める方向を変えた際の「見え方」を疑似再現することができます。けれど、観察者の両目に入るのは「同じ単一の画像」に過ぎません。

左右の2つの目に入ってくる「見え方」が異なることで、立体感や材質感・質感を、人は感じたりもします。そこで、最後に、左右方向の視点に応じた高品質な立体表示が可能な、レンチキュラー方式の立体ディスプレイであるThe Looking Glass を使って、立体・質感表示を行ってみることにします。

▼図6　The Looking Glass による表示

The Looking Glass は、ディスプレイ前面に取り付けられたレンチキュラーレンズを使って左右の観察方向に応じた画像を観察者に見せることで、立体感に満ちた表示をすることができるディスプレイです（図6）。The Looking Glass で立体表示を行うにはさまざまな方法がありますが、一番簡単な方法が、Web ブラウザを使った方法です。まず、左右方向に観察角が異なる多数の視点画像を並べたQuilt（キルト）と呼ばれる画像を作成し、そのQuilt画像を使ってWeb ブラウザ上で立体表示する、というやり方です。本記事では、この手順で、立体表示をしてみます。

≫≫ ステレオフォトメーカーを使った Quilt 画像生成

Quilt画像を作るもっとも簡単な方法は、立体画像界隈の有名アプリ「ステレオフォトメーカー (StereoPhoto Maker)注6」を使い、色画像と距離画像からQuilt 画像を作成する方法です。

ステレオフォトメーカー (StereoPhoto Maker) に「距離マップ」と「（2枚の）変角色情報」を読み込ませて、観察方向に応じた幾何的な見え方の変化と変角的な色変化の双方を踏まえたQuilt 画像を作る手順が図7〜図9です。

始めに、「距離画像」と「左右それぞれから見た際の色画像」を使い、左右から見た色画像と距離画像を合成したステレオフォトメーカー用の入力画像（左右それぞれ用に2枚）を作り出します（図7）。

注6)　URL http://stereo.jpn.org/jpn/stphmkr/index.html

▼図7　左右それぞれから見た色画像と距離画像から、左右から見た色と（左右に対して共通の）
　　　距離画像を合成したステレオフォトメーカー用の入力画像を作り出す

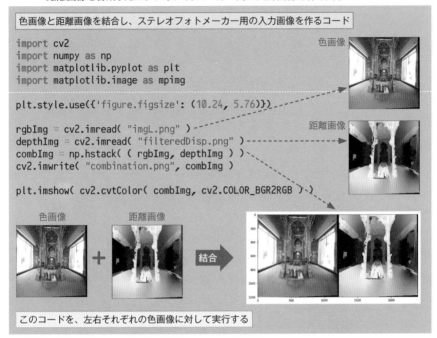

色画像と距離画像を結合し、ステレオフォトメーカー用の入力画像を作るコード

```python
import cv2
import numpy as np
import matplotlib.pyplot as plt
import matplotlib.image as mpimg

plt.style.use({'figure.figsize': (10.24, 5.76)})

rgbImg = cv2.imread( "imgL.png" )
depthImg = cv2.imread( "filteredDisp.png" )
combImg = np.hstack( ( rgbImg, depthImg ) )
cv2.imwrite( "combination.png", combImg )

plt.imshow( cv2.cvtColor( combImg, cv2.COLOR_BGR2RGB ) )
```

色画像　　　　　距離画像

\+ 　　　　結合

このコードを、左右それぞれの色画像に対して実行する

　次に、ステレオフォトメーカーを使って、「左右それぞれ用の色画像」を使った2種類のQuilt画像を作ります（図8）。

　最後に、2種類のQuilt画像に対する重み付け量を眺める角度」に応じて変えつつ、1枚のQuilt画像として合成すれば（図9）、空間幾何関係に対する見え方の変化も、変角色に応じた見え方の変化も、どちらも表現する立体・質感表示を行うことができるQuilt画像ができあがります。

　できあがったQuilt画像をWebブラウザに読み込めば、The Looking Glassでリアルな映像を眺めることができるようになります。

≫ この瞬間にしか存在しない、世界のすべてを記録しよう

　被写体の三次元情報や、観察方向に応じて変化する色変化を撮影し、眺める方向や両目視差に応じた表示をさせたなら、「不思議なくらいの、立体感や材質感や現実感」を豊かに感じとることができます。

そんな体験ができるのは、可能な限り多くの情報を撮影できた場合のみ。今の世界を未来のいつかに眺め直すため、いろんな撮影をしてみると面白いはずです。

▼図8　ステレオフォトメーカーを使い、左右それぞれから見た色を使った2種類のQuilt画像を作り出す

ステレオフォトメーカーで、色画像と距離画像を結合した画像を読み込む

左から見た色画像を使ったもの　右から見た色画像を使ったもの

左から見た色を使ったQuilt画像ができあがる　右から見た色を使ったQuilt画像ができあがる

▼図7 左右それぞれから見た色画像と距離画像から、左右から見た色と（左右に対して共通の）
距離画像を合成したステレオフォトメーカー用の入力画像を作り出す

```
# 左右から見た色画像を使った、各Quilt画像を読み込む
imgL = cv2.imread( "reImageCompositWithR_Quilt.jpg" )
imgR = cv2.imread( "reImageCompositWithL_Quilt.jpg" )

# 左から見た色画像を使ったQuilt画像
plt.figure( figsize = ( 5, 5 ) )
plt.axis( "off" )
plt.imshow( cv2.cvtColor( imgL, cv2.COLOR_BGR2RGB ) )

# 右から見た色画像を使ったQuilt画像
plt.figure( figsize = ( 5, 5 ) )
plt.axis( "off" )
plt.imshow( cv2.cvtColor( imgR, cv2.COLOR_BGR2RGB ) )

# 左右から見た各色画像から、観察方向ごとに「色」の
# 重み付け量を変えたQuilt画像を作り出す
# (そのQuilt画像を格納するための配列を用意する)

LRcompositImage = np.zeros_like( imgL )

# 左Quilt画像に対する重み付け量
# (右Quilt画像の重み付け量は 1-alpha )
alpha = 1.0

# 重み付け量を変化させながら（左最深→右最深）
# 左右2枚のQuilt画像を合成する
for y in range(10):    # 縦方向
    for x in range(6):    # 横方向
        # 355 × 355 の（観察方向に応じた）各小画像に対して、量の付け量
        # を使いつつ、左右のQuilt画像を合成する（なんてややこしいんだ）
        LRcompositImage[ y*355 : y*355+355, x*355 : x*355+355] \
            = alpha      * imgL[ y*355 : y*355+355, x*355 : x*355+355 ] \
            + (1.0 - alpha ) * imgR[ y*355 : y*355+355, x*355 : x*355+355 ]
        # 重み付け量を変化させる
        alpha = alpha - 1.0/60.0

# 合成作成したQuilt画像を眺める
plt.figure( figsize = ( 5, 5 ) )
plt.axis("off")
plt.imshow( cv2.cvtColor( LRcompositImage, cv2.COLOR_BGR2RGB ) )
```

第 **5** 章

AR
(Augmented Reality)
の研究

 「本当なら見えるはずの星空」を景色に重ねて映すカメラを作る

ブラウザで楽しめるARアプリをPythonで作る

≫≫ 都会で暮らしていても「綺麗な星空」を眺めたい

　父親の職業が天文学者だったので、小さな頃は、長野県の野辺山高原にある天文台の中で暮らしていました。空気が綺麗な高原でしたから、日暮れの後は、満天の星空と天の河が見えることが当たり前だと思っていたものです。

　都会で暮らしていると、星空を眺めることも難しいものです。そこで、目の前にある景色に重ねて、その場所・時間で「本当なら見えるはずの星空」をインタラクティブに映し出すAR（Augmented Reality ＝ 拡張現実）「星空カメラ」アプリを作ってみます（図1）。

≫≫ 「そこで見える」星空はプラネタリウムソフトで作り出す！

　図2が星空カメラの全体像です。スマホで（たとえばGoogle Mapsなどを経由して現在地や任意の場所情報付きで）Webサーバにアクセスすると、Webサーバが「全天周の星空画像」を生成してスマホ側に送り、その「星空画像」を使ってブラウザベースのARカメラアプリが（スマホ上）で動作する、というしくみです。

　Webサーバ上で全天周の星空画像を生成するのは、OSS（Open Source Software ＝ オープンソースソフトウェア）プラネタリウムソフトの最高峰Stellarium[注1]です。Stellariumに、指定した時間・場所から見えるはずの「星空」を高品質に生成させます。

▼図1 「そこで見えるはずの星空を映し出すカメラ」撮影画像

注1）　Stellarium Astronomy Software
（**URL** https://stellarium.org/）

▼図2 「そこで見えるはずの星空」を映すARカメラの全体像

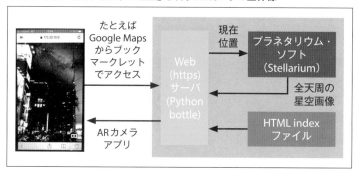

≫ Webサーバコードは Python で約 30 行ほど

PythonのWebフレームワークライブラリであるBottleを使うと、Webサーバのコード[注2]は約30行ほどで書くことができます（**図3**）。サーバ側の処理は、おおよそ次のような流れです。

まず、前準備として、（https接続でなければブラウザからスマホのカメラにアクセスできないため）SSL証明書や鍵ファイルを作っておきます。そして、それらのファイルを読み込んだうえで、httpsサーバを起動します（定義部が❶、実行は❹）。

そして、「https://サーバIPアドレス:8080/経度/緯度/」という形式へのURLアクセスを受けると、接続URLから経度・緯度の情報を手に入れて、位置情報を埋め込んだ制御スクリプト付きでStellariumを実行し、全天周星空画像をサーバ内にファイル保存します。そして、「ARカメラアプリを記述したHTMLファイル」をクライアント（スマホやタブレットなど）に送出します。

スマホ側では、アプリHTMLコードをブラウザで読み込むと、HTMLコードに基づいて星空画像（texture000.png）をサーバに要求し、その返事としてWebサーバが星空画像を返します❸。そして、ブラウザ上でスマホカメラ映像と星空画像が合成されて、AR風景を眺めることができるようになります。

Webサーバ上では事前設定作業がもう1つ必要です。Stellariumが全天周星

注2）　コードは本書のサポートページを参照。DayDreamCameraディレクトリにあります。なお、簡単のために、
　　　　必要最小限のコードです。

空画像を保存できるように、(Stellariumの、表示 – 空の設定から）「表示図法」
を「円筒図法」にして、さらに円筒座標で緯度180°×経度360°の範囲を映し出
せるように縦横比 = 1:2のWindow サイズをデフォルト設定として保存してお
きます（環境設定）。また、星座の名前や図版など……空に何を映し出すかの

▼図3　星空カメラのためのhttps Webサーバコード（Python）解説

```python
import sys, os, subprocess
from bottle import route, run, static_file, ServerAdapter
from gevent.pywsgi import WSGIServer

class SSLWebServer(ServerAdapter):
    def run(self, handler):
        srv = WSGIServer( (self.host, self.port), handler,
        certfile='./server.pem', keyfile='./server.pem')
        srv.serve_forever()

@route( '/<lon:float>/<lat:float>/' )
def index(lon, lat):
    texPath = '/dir/path/texture000.png'
    if( os.path.exists( texPath ) ):
        os.remove(texPath)
    scrText = f'''StelMovementMgr.zoomTo(180) ;
core.setObserverLocation({lon},{lat},0);
StelMovementMgr.lookEast(); core.wait(0.0);
core.screenshot("texture"); core.quitStellarium ();'''
    stellariumPath = '/Applications/Stellarium.app/Contents/'
    path = stellariumPath + 'Resources/scripts/screencapture.ssc'
    with open(path, 'w') as f:
        f.write( scrText )
    cmd = stellariumPath + '/MacOS/stellarium --screenshot-dir /dir/path
    --startup-script screencapture.ssc --full-screen no'
    popen = subprocess.Popen( cmd.strip().split(" "), shell=False )
    popen.wait(); return static_file( 'index.htm', root="/dir/path")

@route('/<filename:path>')
def static(filename):
    return static_file(filename, root="/dir/path")

run(host='0.0.0.0', port=8080, server=SSLWebServer)
```

❶https接続でないと、スマホのカメラ は使えない。そのため、SSLの証明書 や鍵を読み込み、httpsサーバを起動 する

❷https://サーバIPアドレス:8080/経度/緯度/ というURLにアクセスしたときのサーバ内処理

Stellariumに出力させる全天周の星空画像のパスを 設定し、すでにファイルがあれば削除

全天周の星空画像を出力させるStellarium用 スクリプト。緯度範囲を180°（全部）に設定し、 経度・緯度を設定し、画面をファイル保存

Stellarium用スクリプトを ファイルに書き込む

Stellariumを実行して 全天周の星空画像を保 存したうえで、アプリを 記述したindexファイル を送出する

❸（アプリを記述したindexファイルを読み込む） 全天周の星空画像の送出用

❹httpsサーバ実行

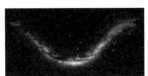

◀▼図4　Stellariumの表示図法の設定や表示項目の設定

表示内容を、好みに合わせて設定しておきます(図4)。

≫≫ スマホ側コードも、A-FrameとCSS機能で簡単実装

クライアント側(スマホやタブレット)が実行するHTMLコードも、とても簡単です(図5)。

まず、Webベースの VR(Virtual Reality=仮想現実)ライブラリである A-Frame(https://aframe.to)を読み込み❶、カメラを向けた方向に応じた星空をA-Frameが映し出す❷ようにします。そして、スマホ背面カメラが撮影する実風景を描画する領域を作り(❸～❹)、CSS(Cascading Style Sheets)のフィルタ機能で「実風景画像」と「背後の星空画像」のリアルタイム動画合成を行うことで(❺～❾)、AR的な表示を行います。

▼図5 星空ARカメラのHTMLコード

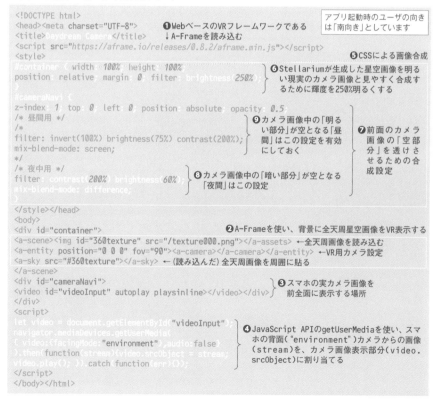

ARクライアント側で動かすコードは、図5で示したコードがすべてです。A-Frameを使うことで全天周画像のVR表示も驚くほど簡単ですし、カメラがとらえる刻々の撮影画像と星空画像の合成も、CSSフィルタを使うことで処理速度に悩むことなく実現できるのです。

なお、アプリ起動時は、スマホカメラを「南に向けておく」ことで、星空画像と実撮影画像の方位を一致させる必要があります。もちろん、HTML（JavaScript）に方向を合わせる回転処理を入れれば、そうした手順は不要ですが、今回は簡単のために省略し、「運用方法で対応」ということにしておきましょう。

≫ 明るい昼、空に浮かぶ雲の先、百億光年彼方の銀河を眺める

このアプリは、図6のような使い方が便利です。まず、Google Mapsなどで「今いる場所」や「星空を眺めてみたい場所」を表示させます。その状態からブックマークレットを呼び出して、「指定した経度・緯度用を埋め込んだURL」でWebサーバを呼び出すのです。

図6は、自室の作業机からアプリを実行してみた例です。自分が座る窓の先、その時間、その場所から見ることができるはずの星空が、美しく綺麗に広がっています。そしてまた、夜間に星空を眺めるだけでなく、CSSフィルタの画像合成設定を「昼間用」に変えれば、日が差す街が明るい時間でも「昼空の先にある星や銀河」を眺めることもできます（図7）。

また、スマホを左右に動かして「視差がついた撮影画像2枚を左右に並べる」

▼図6　Google Mapsからのブックマーク経由の使用例

たとえば、Google Mapsで「今いる場所」や「そこから見えるはずの星空を眺めたい場所」に行く

下記ブックマークレットをスマホに登録し、呼び出す

```
javascript:(function()%7Bvar%20p=location.
href.split('?')%5B0%5D.split('/');for(var%
20i=0;i%3Cp.length;i++)%7Bif(p%5Bi%5D.matc
h(/%5E@/))%7Bvar%20lt=p%5Bi%5D;lt=lt.subst
r(1);lt=lt.substr(0,lt.length-1);
window.open('https://localhost:8080/'+lt.
split(',')%5B0%5D+'/'+lt.split(',')%5B1%5D
+'/','_blank');%7D%7D%7D)();
```

スマホカメラに、夜の作業机の窓の向こうに「そこから見えるはずの星空」が合成される

▼図7　昼間のお台場で撮影した景色

と、地上の景色と空に浮かぶ雲、その後ろにある遠くの銀河が、超現実的に立体的に浮かび上がってきます（図8）。

》》》 昼も夜も、ぼくらはいつも、宇宙の中を旅してる

　星空ARカメラ越しに世界を眺めると、自分自身も周りの景色も、そのすべてが「地球に乗って、宇宙に浮かびつつ、動いてる」ように感じます。強い陽射しの真昼の空、ビルに灯る窓の背後にある夜空、その先にある宇宙を眺めてみるのはいかがでしょうか。

▼図8　左右位置から撮影した（左右視差がある）平行法の立体星空画像（左：夜画像、右：昼間画像）

5-2

災害から犯罪情報まで
「電脳メガネ」で眺める

Raspberry Pi＋Python＋MATHEMATICAでARアプリを拡張する

≫≫ スマホアプリは「クライアント＋サーバ」手抜き実装が楽

　前ページまでの、「本当ならば見えるはずの星空」を景色に重ねて写すカメラの実装は、

・スマホは、HTML/JavaScriptでカメラ撮影と画像処理
・バックエンドWebサーバは、Python/アプリで星空画像を生成

という、クライアント（スマホ）とサーバが連携しながら、それぞれの役割を実行するクライアント・サーバ方式の作りです。

　スマホなどで動くデモアプリを作るとき、「スマホ内で自分で実装するのが面倒な部分は、高機能な各種ライブラリを簡単に使うことができるサーバ側にさせる」という——手抜き的な割り切った——作りにするのも、楽な方法です。クライアントであるスマホ側は「いつでも持ち歩く」「カメラや各種センサなどを備えている」といった特徴を有効活用し、実装するのが面倒な部分は、各種ライブラリや外部プログラムを簡単に使うことができるサーバ側で実行処理することで、アプリ作りがとても簡単になります。

　今回は、手軽に買うことができるラズパイ（Raspberry Pi）で、手に持つスマホを背後から支える「超低電力だけど高機能なLinuxサーバ」を仕立てます。そして、ラズパイ用OS Raspbianに無償提供されているMATHEMATICAを、ラズパイ上のPythonから使うことで、

▼図1　写真はRaspberry Pi Model B, Revision 2.0

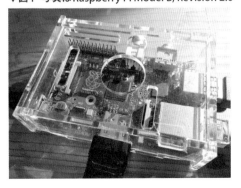

星空アプリを「世界の地理情報が見える電脳メガネ」に変身させてみます。

≫≫≫ ラズパイ付属のMATHEMATICAで気象情報画像を作ってみる

　ラズパイの標準OS Raspbianには、PC版であればホビー用でも約5万円ほどの価格の、WOLFRAM社の数式処理システムMATHEMATICAと（プログラミング言語としての）WOLFRAM言語が無料で付属しています（**図2**）。WOLFRAM言語には、古今東西のさまざまな分野・領域に関する情報を提供するデータベース機能が備えられ、日々アップデートし続けれられています。

　そこで、WOLFRAM言語を使って「その場所に応じた地理的情報（場所に関係する情報）」を生成して、スマホ（あるいはタブレットなどのデバイス）でAR表示してみることにします。

　ARアプリ[注1]の流れは、

❶ スマホからラズパイサーバに（経度緯度情報を埋めこんだURLで）アクセスする

❷ WOLFRAM言語で「指定された地域周辺の情報を使った全周囲画像を生成する」スクリプトを書いておく

❸ ラズパイ上のPython WebサーバがWOLFRAM言語スクリプトを呼び出して全周囲画像を生成する

❹ Python Webサーバから、全周囲画像やHTMLコードを配信

❺ スマホ上で、カメラ撮影画像と全周囲画像を方向を合わせて、AR合成表示する

という手順になります。

　まず**❶**部分は前記事とまったく同じです。**❷**部分の例が**図3**で、指定緯度・経度（この例では東京）から見通すことができる上空＝

▼**図2　WOLFRAM MATHEMATICA FOR RASPBERRY PI**

注1）　コードはraspberryMathematica
　　　AR ディレクトリにあります。

▼図3　WOLFRAM言語での気象情報取得コードと処理情報画像の例

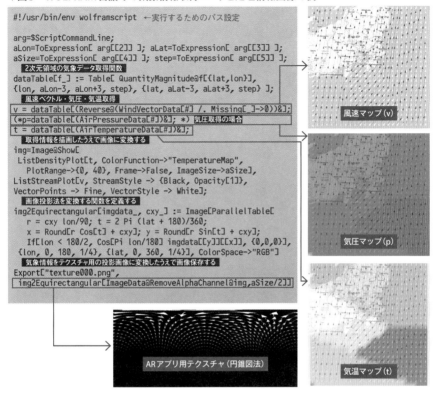

およそ周囲300ｋmのエリアの気象情報を手に入れて、「円筒図法の全周囲画像」としてファイル保存を行うWOLFRAMスクリプト注2と、その内部データ例です。

　図3に記載したWOLFRAMスクリプトは、コメントアウトしてある行を有効にしたりすることで、風速マップ表示や気温分布の表示、あるいは、気圧分布なども合わせた複合的な表示をすることができます。ちなみに、このWOLFRAMスクリプトは、緯度・経度や情報取得の分割数などを引数指定して、

```
makeTex.wls 140 35 1200 0.5 1
```

という構文で呼び出すことで、地球上の好きな場所に関する情報生成を行うことができます。

注2）　スクリプト名は"makeTex.wls"としています。

❸部分、「地理的情報画像を生成するWOLFRAMスクリプトの呼び出し」[注3]と、❹部分「全周囲画像とHTMLコードの配信」を行うhttps Webサーバ機能、そして❺部分のクライアントデバイス側の側のAR合成表示は、前記事とほぼ同じです（図4）。

▼図4　Python（Bottle）によるWebサーバコード（import部分は前回と共通のため省略。情報更新が行われるのは、処理速度制約から次回アクセス時としている）

```
@route( '/<lon:float>/<lat:float>/' )
def update(lon, lat):
    from subprocess import Popen
    Popen(('makeTex.wls '+str(lon)+' '+str(lat)+
        ' 1200 0.5').strip().split(" ") )
    redirect("/")
@route( '/' )
def index(lon, lat):
    return static_file( 'index.htm', root="/hoge")
```

このPythonコードで動くhttps Webサーバにアクセスすると、図5のように、スマホカメラを向けた「空に浮かぶ雲」を動かす「風の動き」などを、AR的に眺めることができます。

地震震源地図もAR可視化するとおもしろい!

WOLFRAM言語の標準機能で作り出すことができる地理情報は、気象情報だけではありません。たとえば、過去から現在までの地震情報なども簡単に描くことができます。図6は、周囲の震源情報を取得して、震源地分布を画像化するWOLFRAM言語スクリプトです。この画像を、気象データ例と同じように「円筒図法の全周囲画像」として変換・保存し、今回のアプリを通して景色を眺めると、震源地の真上の空に、まるで「不思議な地震雲」のように、地震発生情報が浮かび上がってきます。

人が作り出す・引き起こす地理情報も眺めたい!

気象や地震といった自然現象だけでなく、人が生み出す人工的な地理的な情報も、眺め

注3）WOLFRAM言語の地理情報取得関数は、実行にある程度の時間が掛かるため、そのため、サーバへのアクセス時に地理的情報をリアルタイム生成するのは、現実的ではありません。そこで、自分がいる緯度経度を使いサーバにアクセスしたら、地理的情報更新の更新をしつつ、前回生成分の情報を使ってWEB/AR表示することにします。

▼図5　「自分を中心とした上空視界範囲」の風をAR表示した例

てみると興味深いものです。図7は、ラジオ局の電波送信位置や送信強度を手に入れるWOLFRAM言語の関数を使い、サンフランシスコ周辺の空を飛び交う電波の強さを可視化した例です。電波塔が周囲に飛ばす目には見えない電磁波を、スマホを空に向けるだけで眺めることができるようになります。

　さらに、WOLFRAM言語の標準関数ではありませんが、サンフランシスコ地域における事件発生状況[注4]を可視化するWOLFRAMスクリプト例が図8です。自分が今いる場所で、過去に起きた犯罪事件の発生状況をAR可視化すれば、その街がたとえ見知らぬ慣れない場所であったとしても、地域の「犯罪オーラ」を一目瞭然に眺めることができ、「危ない場所には近寄らない」安全対策もバッチリ可能です。

≫≫ 世界の膨大な情報が見える「電脳メガネ」

　WOLFRAM言語が扱うことができる地理的情報は、日々増しています。たとえば過去から現在に至る地球の大陸プレート境界、あるいは地球各地の磁場情報の変化、与えた衝撃で作り出されたクレーター情報、驚くほど多種多様な地理的情報を、関数一発で手に入れることができます。

　また、地域ごとに情報充実度に違いはありますが、行政区単位の経済・生

▼図6　東京まわりの地震震源マップ可視化コードと震源分布図とAR表示例

```
earthquake={#["Magnitude"]/6,#["Position"]} & /@
Values@EarthquakeData[GeoDisk[{35, 140},
 Quantity[200, "Kilometers"]], 1];
Image@GeoGraphics[{Hue[#1], Opacity[0.3],
 PointSize[0.02 #1], Point[#2]} & @@@ earthquake,
GeoRange->{{35, 35}, {140, 140}} ]
```

注4）　2003年から2015年にかけてのサンフランシスコでの事件発生状況
(URL) https://www.kaggle.com/c/sf-crime/data)

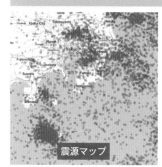
震源マップ

東京の南東部から南西を眺めると伊豆周辺の震源地が見える

▼図7 サンフランシスコ上空のラジオ局電波を描くコードと電波強度マップ例

```
bs = GeoNearest["BroadcastStation",
 GeoPosition[{37.7, -122}],
 {All, Quantity[100, "Kilometers"]}];
img=Image@GeoRegionValuePlot[bs->"AllPower",
 GeoLabels->({Opacity[.05],
 ? Disk[#3, .01 Sqrt@QuantityMagnitude[#4]]} &),
 ColorFunction->"Rainbow", PlotLegends->False,
 GeoBackground->Automatic,
 GeoRange->{{37.67, 37.82},{-122.52, -122.37}}]
```

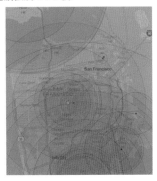

活情報を手に入れる関数もあります。たとえば、
アメリカ合衆国内であれば、世帯総収入や平均
通勤時間、あるいや1LDKから4LDKまでの各間取りの市場家賃や空き家率、
さらには車両窃盗数や強盗数や殺人および非過失傷害致死の割合といった犯
罪特性まで、膨大な情報を得ることができます。

「この世界に関する大量の情報」を集め、「その場所にまつわる、目に見えな
いたくさんの情報を、目の前の世界に重ねて眺めることができるメガネ」を作り、
そのメガネで世界を眺めてみたならば、人の視野や可能性を拡げる未来につな
がっていくかもしれません。

▼図8 サンフランシスコの事件頻度マップを描くコードと事件発生マップ

```
data=({#[[8]], #[[9]]}) & /@
Import["/train.csv"];
img = Image[DensityHistogram[data,
{{-122.52, -122.37, (122.52 - 122.37)/50},
{37.67, 37.82, (37.82 - 37.67)/50}},
Frame->False, ColorFunction->"DarkRainbow",
BaseStyle->Opacity[0.5]]];
```

事件発生頻度が高い
テンダーロイン周辺

サンフランシスコ（SF）の事件頻
度マップをAR表示してみる（SF
中心方向を、ゴールデンゲート
ブリッジの対岸から眺める）

91

風速や磁場を可視化する AR拡張現実ソフト

Pythonista で iOS 用 AR アプリを作る

≫ 見えないものが浮かぶ拡張現実を歩くのは楽しい!

　Android用のAR（Augmented Reality：拡張現実）ライブラリのARCoreを使うことで実現された、河本健氏による「磁場の可視化」[注1]や「Wi-Fi電波強度の可視化」[注2]はとても興味深いものでした。スマホを手に持ち、スマホのカメラを介して世界を眺めると、スマホに搭載されたセンサが取得した色々な値を、三次元的にカメラ映像に重ねてリアルタイムに眺めることができるのです。

　人の目が感じることができる光は、文字通りの可視光だけ。だからこそ、スマホに搭載されたセンサが検知する不可視で「見えない存在」を、私たちの肉眼で眺める現実世界に重ねて眺める体験は、とてもおもしろく楽しく感じます。

　河本氏のアプリは、そんな体験を普通のスマホとアプリだけで実現してくれます。肉眼では見えないはずの自然現象を、さまざまな方向から実際に眺めたることができる。そして、それどころか、「見えない自然現象が浮かぶ拡張現実の中を自由に動き歩き回ることすらできる！」のは、とても新鮮で楽しい体験です。

≫ Python(ista) を使い、AR可視化アプリを書いてみよう

　「自分が面白い」と感じることを、「自分が作る」ことができたら、もっと楽しくなれるはず。そこで、Android用ARライブラリのARCoreと類似機能を持つiOS用ARライブラリARKitを、iOS上のPython開発環境であるPythonistaから使ってみることにします。そして、肉眼では見えない（けれどスマホに搭載されたセンサなら見ることができる）自然現象を、カメラで撮影した現実世界に重ねてAR可視化するiOSアプリを作ってみることにします。

注1）　**URL** https://twitter.com/kenkawakenkenke/status/1079016574462218240
注2）　**URL** https://twitter.com/kenkawakenkenke/status/1077021773927858177

Pythonista から ARKit を使うライブラリを読み込めば、iOS の AR 可視化アプリを作るのはとても簡単です。スマホの三次元位置やカメラが向いている方向のリアルタイム推定に苦労する必要もなければ、カメラ撮影画像への三次元 CG 合成に悩むこともなく、実現することができます。

▼図1　本記事作成のPythonistaコードで、スマホの カメラから見える世界に、自分が歩いた経路を 重ねて可視化した拡張現実

ここでは、（既存コードを組み合わせ）筆者が適当に書いた ARKit を使う Pythonista ライブラリを使います。このライブラリを使うと、スマホ搭載のセンサ値を AR 可視化するために必要なことは1つだけ、「AR可視化する情報の定義関数を書くだけ」です。その作業さえすれば、スマホのカメラが写す現実世界にセンサ取得値が重なり浮かぶ、拡張現実の世界に入り込むことができるのです（**図1**）。

≫≫ 「三次元的な磁場」を現実世界に可視化する

まずは、**リスト1**のような Python (ista) コード[注3]を書いてみます。具体的には、

・取得方法や値の決め方
・見せ方

といった AR 可視化する情報を、定義関数 `createNodeElementInfo` に書きます。見せ方は、「球 'sphere' か 矢印 'arrow' か」「色 (r, g, b, a)」「大きさ」「矢印 = 'arrow' を表示する場合には、長さとか向き[注4] をどうするか」といったものです。**リスト1**のコードでは、AR可視化する情報の定義関数として、「球を表示して、その色や大きさは磁気センサ値を反映する」という内容を書いています。

あとは、センサ読み込みを開始させ、数行の定型文を書くだけで、iOS デバ

注3）　コードは本書のサポートページを参照。pythonistaARkitディレクトリにあります。
注4）　矢印の向きとして、ライブラリ中で事前定義済みのRotationというグローバル変数を使うと、スマホの撮影方向と一致した向きになります。

▼リスト1　磁気センサで取得した3軸方向の磁束密度を、AR可視化するPythonistaコード

```
import motion; motion.start_updates() ←iOSデバイスのセンサ読み込みを開始する

    def createNodeElementInfo():
        mx, my, mz, ma = motion.get_magnetic_field()
        return 'sphere', [0.5+mx/2, 0.5+my/2, 0.5+mz/2, 0.6], 0.005, None,
            gRotation
```
　　　「形（球 'sphere' か矢印 'arrow' か）」「色（r, g, b, a）」
　　　「大きさ」「長さ」「向き」をどうするかを定義する

```
    scene =  createSampleScene()
    v = MyARView()
    v.present('full_screen', hide_title_bar=True, orientations=['portrait'])
    v.initialize()
```
　　　ここは「定型文」で、貼り付けておけばOK（もちろん、適切に変えてもOK！）

イスとPythonistaを使ったAR可視化アプリは完成です。

　iOSデバイス上で動くPythonistaから「3次元の磁界分布可視化」Pythonコードを実行すると、画面をタッチするたびに、その瞬間の三次元位置に「磁気センサ値を反映した球」がAR物体として生み出されていきます。そして、図2のような、肉眼では見ることができない「三次元的な磁場」を、拡張現実として眺めることができるのです。

⋙　「ベルヌーイの定理」を使った「気圧センサからの風速推定」

　『Pythonで世界の地図を使って街の風を流体計算〜地球のどこでも「この瞬間に街を流れる風」を可視化せよ！〜』では、地球上の任意の場所における「目に見えない空気の流れ」を、リアルタイムに描き出しています。しかし、それは気象情報や建築物情報を使った流体計算によるもので、「実際の風速」を計測したものではありません。そ

▼図2　iOSデバイスの磁気センサとPythonistaでAR可視化した3次元磁場分布

こで、リアルタイムの風速計測とAR風速可視化に挑戦してみます。

といっても、風速を計測したいと思っても、残念ながら、iOSデバイスに風速センサは搭載されていません。そこで、理

▼図3 理想流体のエネルギー保存則「ベルヌーイの定理」

運動エネルギー　　　圧力エネルギー

$$\frac{v^2}{2} + gz + \frac{p}{\rho} = \text{constant}$$

位置エネルギー　　　（損失がなければ）エネルギーは保存される

想流体のエネルギー保存則である「ベルヌーイの定理（**図3**）」を使って、スマホ搭載の気圧センサから風速推定をしてみます。

処理原理と課題解決のための技術ポイントは、

❶ iOSデバイスの気圧センサ値を取得する。
❷ iOSデバイスを持つ人の高さ（地標）は変わらないとすると、理想流体の圧力と速度間の関係式ともいえる「ベルヌーイの定理」を使うと、「気圧の変化から風速の相対値」を求めることができる。

というものです。……つまりは「風速が速いところでは、気圧が低い」という関係を使った推定処理で、風速を求めるわけです。

以上のような処理を行うPythonistaコードは**リスト2**[注5]、AR的に風速の可視化を行った結果が**図4**です。ちなみに、この方式では「風の向き」はわからないので、風が吹く方向にスマホを向けることで、風の向きも反映したAR風速可視化を行っ

注5）気圧センサの値を取得する方法は、6-2節『スマホセンサ値で「三次元移動経路」を記録する 〜伊能忠敬メソッドで渋谷駅の地下大迷宮を可視化する!?〜』に解説があります。

▼リスト2　気圧センサからの風速可視化コード

```
CMAltimeter = ObjCClass('CMAltimeter')
    NSOperationQueue = ObjCClass('NSOperationQueue')
    altimeter = CMAltimeter.new()
    main_q = NSOperationQueue.mainQueue()
    altimeter.startRelativeAltitudeUpdatesToQueue_withHandler_(
                    main_q, handler_block)

def createNodeElementInfo():
    return 'arrow', [relativeAltitude, 0.5, 1.0-relativeAltitude, 0.8],
        0.2, 0.05+relativeAltitude*0.5, gRotation
```

iOSデバイスの気圧センサを読み込むためのコード（連載第6回「伊能忠敬メソッドで渋谷駅の地下大迷宮を可視化する!?」と同じ）

気圧センサ値を「風速値」として表示する

▼図4　ベルヌーイの定理と気圧センサ値を使い、街中の風速マップをAR可視化してみた結果

ています。

　……とはいえ、「ベルヌーイの定理からの風速推定」は、いくつもの前提や単純化が成り立つ場合にしか有効ではありません。実際のところ、街中の風速を知るには、この方式は現実的ではありません。

≫ 「風の力」を使い、風の向きや風速の情報を手に入れる

　そこで、次は、作戦を変更して「自然の力」を活用してみます。スマホに「小型パラシュート」を取り付けて、小型パラシュートに働く「風の力」を使って、「スマホの向きを、風向や風速に応じた姿勢にさせて、スマホの傾き方から風向と相対風速を取得する「風の力ワザ」作戦を実行してみます。

　スマホに小型パラシュートを取り付けられたスマホが、風を受けているようすが図5です。このようにすると、風の向き次第で「東西南北方向のスマホ向き」が変わり、風の強さと重力のバランスで「鉛直方向に対するスマホの傾き」が

▼図5　スマホに小型パラシュートを付ければ、「風の向きや傾き」しだいで「スマホの向き」が変わる

▼リスト3　小型パラシュート付スマホで、「スマホの向き・傾き」から風速マップを作るPythonコード

```
import motion; motion.start_updates()          重力方向（スマホの傾き方向）を表示する

    def createNodeElementInfo():
        a = motion.get_gravity()
        return 'arrow', [a[0], pow(abs(a[0]-0.5),1.5), 1.0-a[0], 0.8], 1,
            0.05+pow(a[0],4)*10.0, gRotation
```

変わります。スマホの東西南北方向きと鉛直方向傾きをセンサから取得して、風速表示をさせるPythonistaコードが**リスト3**。そして、撮影＆AR可視化例が**図6**です。肉眼では見ることができない「街中を流れる風の動き」を現実の世界に重ね合わせたAR可視化ができていることがわかります。

≫≫「見ることができるもの」は「自分で増やす」

　ここで作成してみたARアプリケーションは、手軽にiOS上でインタラクティブにコードを書き換え、すぐにコードを動かすことができるPythonistaで書かれています。それは、AR可視化する対象や処理方法を「やりたいこと」に応じて、その場で自由自在に書き換えたり、思うがままに「見えるもの」を増やすことができるということです。

　部屋の中でうろうろするとき、あるいは外を歩くとき、いつでも持ち歩くスマホ上でPythonを動かすことで、目に見えないものを可視化して・目の前にある世界を拡張してみるのは素晴らしく楽しいはず。自分が見ることができるものは、自分で増やすことができる。それを実現する強力な道具の1つが、スマホとプログラミングのコンビネーションに違いありません。

▼図6　スマホに小型パラシュートを取り付けて「スマホの向き・傾き」から風速マップを作った結果例

5-4 イヤホン端子と電子工作でスマホ機能を拡張する
電子工作とPythonistaでスマホ機能を拡張する

≫≫ 少しの工夫で、スマホが未来の計測器に変身だ!

　前回は、iOSデバイス上で動くPython開発環境のPythonistaを使い、街中に吹く風をAR（Augmented Reality：拡張現実）で可視化するアプリケーションを作ってみました。スマホとPythonを使い「肉眼では見えない物理現象を、実世界に重ね眺める拡張現実」を作り出しました。

　磁場計測は、スマホに搭載された磁気センサの出力値をそのまま使う方法でした。一方、気圧センサを使った風速計測では、スマホ搭載の気圧センサを使うと同時に、「ベルヌーイの定理」という科学知識を使い、「気圧を風速という別の物理値に変換した」ものです。また、加速度センサを使った風向・風速推定は、スマホの加速度センサを使いつつも、小型パラシュートという「追加ハードウェア」をスマホに取り付けることにより、実現されたものでした（図1）。

　今回は、簡単な追加ハードウェアをスマホとつなぐことと、少しの工夫をすることで、スマホに搭載されたセンサを別目的に流用してみます。

▼図1　前回は気圧センサや加速度センサで風をAR可視化

スマホにパラシュートを取り付けて、重力と風力にシーソーゲームをさせたなら、方向や強さが大雑把には一定な重力を基準とした、風の向きや強さを加速度センサから知ることができる!

≫ ロビンソン風速計の回転数、磁気センサで非接触計測！

図2は、Vaavud[注1]が発売していた「スマートフォン用の風速計」、半球状の風杯を備えたロビンソン風速計です。風を受けて回る風杯[注2]の回転数を数えれば、風速がわかるという測定方式です。

Vaavud風速計は、イヤホン端子に挿し込む機構になってはいるものの、イヤホン端子に差し込む部材は「プラスチック製のダミー部材」で、スマホに固定する部材に過ぎません。つまり、風速情報をイヤホンを介して伝えるものではありません。それではどのように風杯の回転数をスマホに伝えているのかというと、風杯の根元に磁石を仕込み、風杯が回転した時の磁場変化をスマホ磁気センサで計測することで、風杯の回転数情報を検知する仕組みです。つまり、少しの工夫で、磁気センサを風速センサに変身させているのです。

残念ながら、Vaavud風速計は開発元のVaavudが閉鎖されていて、処理アプリケーションのアップデートもありません。そこで、前回作成したARアプリの「AR可視化する情報の定義関数」を書き換えることで、Vaavud風速計の風杯回転数を磁気センサから取得するようにしてみたPythonistaコード[注3]が図

注1） **URL** http://vaavud.com　残念ながら、2018年10月に企業活動を終了しました。

注2） 風杯の凸面側から風が吹く場合より、凹面側から吹く場合の方が風杯を回す力が強く、凹面を押す方向に風杯が回ります。

注3） Pythonistaコードとは、iOSデバイスの統合開発環境Pythonista 3のプログラミングコードです。Pythonista 3は、アップルのApp Storeからダウンロード（有料）できます。コードは本書のサポートページを参照。windMeterWithSomeExtensionディレクトリにあります。

▼図2　**Vaavudが発売していた「スマートフォン用の風速計」（風杯の根元に磁石が付き、磁気センサで回転数を検知する）**

 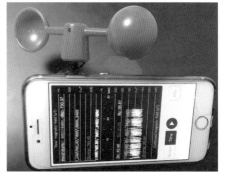

▼図3　風を受けて回転する「風杯」に磁石を取り付けて、その回転数をAR可視化するための
　　　Pythonistaコード

```
def measureWind():
    data = []; isSeek = True; distance = None
    timelimit = 50  #極値に近く、風速計が回らない場合のリミット
    while(isSeek):
        data.append( motion.get_magnetic_field() )  ←磁場を取得し配列に格納
        if( len(data)>1 ):      #前回との極性比較ができる状態になったら
            if distance is None:  #極性変化を未だ検出していなかったら   前回の磁場との極性変
                if np.sign(data[-2][0]) != np.sign(data[-1][0]):  ← 化検出（3軸のうち、極
                    distance = 1;  #極性変化が生じたので、周期計測開始   性変化が大きな方向が
            else:  #前回極性変化からの周期計測を行う               この例ではindex=0)
                if np.sign(data[-2][0]) != np.sign(data[-1][0]):  # 前回の磁場との極性が
                    isSeek = False  #周期計測終了                  変化していたら周期検
                else:                                             出終了!
                    distance = distance +1 ←前回の磁場と極性が同じなら周期検出続行
        timelimit = timelimit - 1 #タイムリミット等でカウントダウン   風杯が回っていなければ
        if timelimit == 0:        #タイムリミットなら強制終了        タイムアウトとして終了
            distance = timelimit; isSeek = False
        time.sleep(0.01)
    return timelimit - distance
def createNodeElementInfo():
    wv = measureWind()            ◁ ARアプリで、画面クリック時に呼ばれる「（その場の）情報定義」関数
    return 'sphere', [0.5+wv/50, 0.5, 0.5-wv/55, 0.6], 0.005, None, gRotation
```

磁気センサの「風杯」が回転する周期を計算する

「風杯」回転時、磁場が極性変化する周期を算出

3です。

　このARアプリを起動すると（画面をタッチするたびに）スマホ近くにある「磁石付き風杯の回転数（周期）」を検知・計算して[注4]、スマホカメラが写す実空間の映像上に三次元的に重ねて表示していきます。実行例（**図4**）を眺めれば、三次元的に可視化された風速場が確認できます。

　Vaavud風速計の一般販売はもう終了していますが、ロビンソン風速計の作

注4）　イヤホン端子の位置がスマホの磁気センサから遠いと、風杯の回転を検知できないことがあります。

▼図4　ロビンソン風速計でのAR風可視化結果

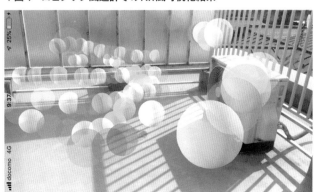

りは単純ですから、自分で作るのも簡単です。たとえば、「ガチャガチャの空カプセル」や「100円ショップで売ってる半球スプーンや紙コップ」に、やはり100円ショップで手に入れることができる「小さなネオジム磁石」でも取り付ければ、自分だけのロビンソン風速計ができあがります。自分で手作りした風速計と自作のソフトウェアコードを組み合わせて、「見えない風の流れをAR可視化する未来の道具」を自分で作ってみるのも面白いことでしょう。

≫≫ 100円程度の部品で、イヤホン端子が熱式風速計に大変身!?

Vaavud風速計は、イヤホン端子を「風杯を固定をするための場所」として使っていました。けれど、イヤホン端子を固定のためだけに使うのは、もったいない話です。なぜかといえば、イヤホン端子は±1.4Vの2チャンネルの電圧出力と、数百mV以下の電圧入力ができる貴重なインターフェースです。そこで、次はイヤホン端子と簡単な電子工作で、スマホを風速や温度がわかる計測器に変えてみます。

風速計でよく使われる方法の1つが、熱式風速計です。熱式風速計は、温度変化から風速を計測する方式で、「風が吹くと、風がセンサから熱を奪って温度が下がる。その温度変化量で風速を推定する」という原理です。

温度に応じて電気抵抗値が大きく変わる部材は多く、その特性を使った代表的な部品がサーミスタです。そこで、サーミスタの電気抵抗変化(つまり温度変化)をイヤホン端子から取得する熱式風速計を作ってみます。

▼図5　周辺温度で電気抵抗値が大きく変化するNTCサーミスタ

▼図6　iOSイヤホン端子で、熱式風速計を実現する回路

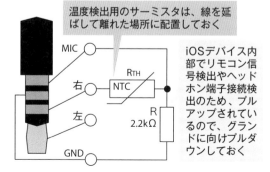

温度検出用のサーミスタは、線を延ばして離れた場所に配置しておく

iOSデバイス内部でリモコン信号検出やヘッドホン端子接続検出のため、プルアップされているので、グランドに向けプルダウンしておく

図5は、温度に応じて電気抵抗が大きく変わるサーミスタ[注5]です。図6のような回路図で、イヤホン端子の音声出力端子から、サーミスタに交流電圧を印加します。そして、サーミスタと電気抵抗(2.2kΩ)間の電圧をマイク(音声入力)端子から読み込めば、サーミスタと2.2kΩ抵抗間の分担電圧を刻々と計測することができます。つまり、サーミスタの温度変化をリアルタイムに知ることができるようになります。図6の回路をブレッドボード上で組んで、

▼図7 ブレッドボード上で組んだイヤホン端子接続の「熱式風速計」

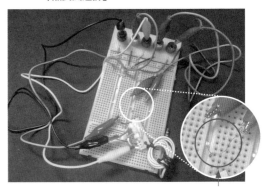

サーミスタ

▼図8 サーミスタ温度変化時のイヤホン端子入力変化

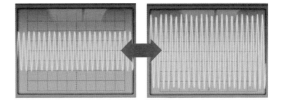

イヤホン端子につなげるようにしてみたのが図7です。使用部品代は、全部合わせても百円程度です。

ブレッドボードから伸ばされたサーミスタの根元を指ではさむと、サーミスタが体温で温められます。そして、風が吹くと、その風速に応じて「サーミスタから熱が奪われる量やサーミスタの温度」が変わります。その結果、マイク入力端子から得た電圧振幅値から「サーミスタの温度変化量≒風速」を計測できる、というわけです。

≫≫ 回路をスマホにつなぎ、Pythonistaで風速をAR可視化する

それでは、サーミスタと電気抵抗に電圧印加するための音声波形を、単純な正弦波として作りましょう。図9のようなPythonコードを書けば、周波数が

注5) NTサーミスタ(高感度高耐熱サーミスタ) 103NT-4-R0 **URL** http://akizukidenshi.com/catalog/g/gP-11896/

▼図9　180秒分の1kHz正弦波音声ファイルを作成するPythonコード

```python
import numpy as np
import wave, struct  ←音声処理に必要なライブラリを読み込み

wf = wave.open('sinwave4input.wave', 'w')
wf.setnchannels( 1 )  # モノラル
wf.setsampwidth( 2 )  # 量子化 2byte=16bit
wf.setframerate(  44100 ) # サンプリング=44.1 kサンプル/s    } サンプリング条件設定
n = 180 * 44100   # データ数 = 時間(s) × サンプル/s
t = np.linspace(0, 180, n)
y = pow(2, 15) * np.sin( 2 * np.pi * 1000 * t ) / 2  # 1k Hz
wf.writeframes( struct.pack("h" * n, *y.astype(np.int16)) )
wf.close()
```

▼図10　マイク端子でサーミスタに電圧印加し、マイク端子から温度・風速変化をAR可視化する追加コード

```python
i = 0
def createNodeElementInfo():    必要なことはこの関数で処理。コード格納
    global i; i = i + 1         場所に応じたコメントに変える。ページ数
        wv = measureWind(i) ← 都合で関数内容はGitHubを参照ください
    return 'sphere', [0.5+wv/2.0, 0.5, 0.5-wv/2.0, 0.6], 0.005, None, gRotation
```

1k Hzの正弦波音声ファイルが作られます。この音声ファイルをiOSデバイスに転送し、音楽アプリで音声を再生すれば、サーミスタと電気抵抗に交流電圧が印加され続けることになります。「交流電圧の印加=音声ファイルの再生」は自前アプリから行うのが便利でしょうが、コード書きの手間を少なくするために、今回は他の音楽アプリから再生しておくことにします。

図8は、組み立てた「風速(温度)計」をイヤホン端子につなぎ、マイク端子に入る信号を波形表示してみた例です。サーミスタの温度が変化すると、サーミスタと2.2kΩ抵抗値間の分圧変化により、マイク端子に入る信号値の振幅が変化していることがわかります。この振幅変化が、サーミスタの温度や風の速度を知るための手掛かりということになります。

最後に、マイク端子から取得した電圧変化を使って、AR可視化するPythonistaコードを書いてみます(図10)。音声振幅値を取得する本体部分は(頁都合から)割愛しましたが、これで、スマホのイヤホン端子を熱式風速計に変身させる簡単電子工作とAR可視化アプリが完成です。

イヤホン端子接続方式の熱式風速計で、風速の三次元空間分布を拡張現実

▼図11　イヤホン熱式風速計での風速AR可視化

として可視化した例が**図11**です。ちなみに、今回作った熱式風速計は「温度(変化)計」でもあるので、無風時には、温度(変化)の三次元分布をAR可視化できることになります。

≫ 「何が見えるか」の世界線、それはすべて自分が決める!

　スマホにパラシュートを取り付けて、重力と風力にシーソーゲームをさせたなら、重力を基準として、風の強さや向きを知ることができます。もしも、磁石を取り付けた風杯をスマホ近くで回転させれば、地磁気から方向を得るためのセンサから、風杯を回転させる風速がわかります。そして、イヤホン端子に電子部品をつないでみれば、風速や温度を知ることもできるのです。

　知りたいこと、眺めたいこと、手に入れたいものがあったとき、「できるかどうかの地平線」はすべて自分が決めるもの。「あんなこといいな」「できたらいいな」という21世紀的な未来妄想力で、スマホ機能をプログラミングで強化して、身の周りの現実空間をさらに拡張してみるのはいかがでしょうか。

三次元画像処理の研究

スマホのカメラで三次元立体顕微鏡を作る

6-1

Pythonista で iOS デバイスのカメラを制御してみよう

》》》「何かを実現する」プログラミングはすばらしく楽しい

　「自分だけで使うことができるマイコン (＝ My Computer、近年の Micro Computer ではありません)」を初めて手に入れたのは1980年。プログラムを書くと「やりたいこと」が実現される、まるで世界の創造主になるような体験は、すばらしく新鮮なものでした。

　40年以上の時間が経った今は、誰もが自分だけのコンピュータ＝スマートフォン (スマホ) 手に持つ時代です。現代のマイコンとも言えるスマホを使い、スマホのカメラを制御するプログラムを書き、撮影結果に画像処理することで、高解像度に小さなものを立体的に写し出す「三次元顕微鏡」を作ってみます。

》》》 iOS デバイスのカメラを Pythonista で細かく制御しよう

　最近のスマホには、「カメラ設定を細かに設定した撮影ができる機能」が備わっています。Android OS では Ver. 5.0 (Lollipop) から搭載された android.hardware.camera2 API (Camera 2 API) を使うと、シャッタースピード・感度・焦点位置……といった項目を制御することができます。Apple 社が発売する iOS デバイスでも、iOS 8 から同じような機能が提供されています。

　そこで、iOS 上で動く手軽な Python プログラミング環境 Pythonista 上で、カメラ設定を細かく制御するプログラムを書いて、スマホを高性能の三次元顕微鏡に変身させるプログラムを作ってみましょう。

》》》 焦点(ピントが合う)位置を変えながら連続撮影をしてみる

　図1は、筆者が作成した iOS カメラを制御するための Pythonista 用ライブラリを使い、「焦点(ピントが合う)位置までの距離」を変えつつ複数撮影する

Pythonistaコード[注1]と実行例です。撮影画像ごとに焦点（ピントが合う）位置を変えているので、撮影画像中のピントが合っている領域、ボケが無くハッキリと写っている領域」が、画像ごとに違っていることがわかります。

≫≫ 「ピント位置＝対象 までの距離」原理の 「三次元立体計測」

「撮影対象の表面にピントが合っている」ということを言い換えると、「ピントを合わせた距離＝対象表面までの距離」ということです。すると、

❶ ピント位置を変えながら、複数枚数の画像を撮影する（リスト1）

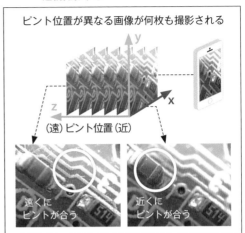

▼図1 Pythonista（iOS）でピント位置を変えながら 連続撮影する

ピント位置が異なる画像が何枚も撮影される

（遠）ピント位置（近）

遠くに ピントが合う

近くに ピントが合う

注1） **URL** https://github.com/hirax/manualCam4Pythonista/manualCam.py

▼リスト1 https://github.com/hirax/manualCam4Pythonista/3Dcam.py

```
from manualCapture import *  ← ライブラリ読み込み

@on_main_thread
def main():
    for i in range(100, 900, 25):          ⎫ 焦点位置を(0.1～0.9)間で
        focusPosition = float(i)/1000.0   ⎭ 何枚も撮影する
        imagefilePath = '{:.3f}'.format(focusPosition)+'.jpg'
        manualCapture( AVCaptureVideoOrientationLandscapeRight,
                       AVCaptureExposureModeLocked, ← 露出制御を手動固定
                       1, 30,  ← シャッタースピード固定(1/30秒)
                       400.0, ← ISO 400
                       AVCaptureFocusModeLocked,
                       focusPosition,  ← ピント位置
                       [6000.0, 0.0], ← ホワイトバランス(色温度)
                       [AVCaptureTorchModeOff, 0.01],← ライト点灯モード
                       imagefilePath,← JPEG画像保存名
                       '3D microscope')← 写真アルバムに追加する場合の名前
main()
```

▼写真1　スマホ用顕微鏡レンズを付けた「3次元顕微鏡」

❷画像中のピントが合っている画素領域を抽出し、その画素での距離は「ピント位置」であると設定する

❸ピントが合った位置の色・距離を、ピント位置違いで撮影した画像群から集めることで、被写体全領域の三次元形状・色を生成する（図1）

ようなコードを書けば、三次元対象物の色と形状（距離）を撮影することができるようになります。ちなみに、❷❸部分の処理、「ピントが合った位置の色（全域合焦画像）」を撮影全画像から集める処理は、焦点合成（Focus Stacking）処理と呼ばれます。

≫ Pythonistaで画像撮影して、PC上のPythonで画像処理

　複数撮影した画像から、全域合焦画像（色）と距離情報を生成するPythonコード[注2]がリスト2です。図1でのリスト1のコードを、iOSやPCからシーム

注2）　コードは本書のサポートページを参照。RGBDfromFocusStackディレクトリにあります。

▼図2　生成された全域合焦画像と焦点位置（距離・高さ）画像

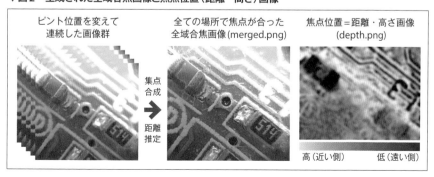

▼ リスト2　ピント位置可変画像からの焦点合成・距離推定関数（PC実行）

```python
import numpy as np;  import cv2, os
# 2枚画像間の変換行列生成
def findHomography(img1kpts, img2kpts, matches):
    img1pts = np.zeros((len(matches), 1, 2), dtype=np.float32)
    img2pts = np.zeros((len(matches), 1, 2), dtype=np.float32)
    for i in range(0,len(matches)):
        img1pts[i] = img1kpts[ matches[i].queryIdx ].pt   # 画像2枚中の共通特徴点間位置
        img2pts[i] = img2kpts[ matches[i].trainIdx ].pt   # 対応から変換行列を生成
    homography, mask = cv2.findHomography(img1pts, img2pts,
                    cv2.RANSAC, ransacReprojThreshold=2.0)
    return homography


# 位置合わせ処理                                     # ピント位置が「真ん中」の撮影画像
def alignImages(imgs):                              # ← に対して、他の画像を位置合わせする
    imgsKPs = []; imgsDescs = []
    imageNum = len(imgs); refImageID = round(imageNum/2)
    detector = cv2.ORB_create(1000)
    for i in range(0, imageNum-1):   # ← 各画像中の「特徴的な点」を検出
        grayImg = cv2.cvtColor(imgs[i],cv2.COLOR_BGR2GRAY)
        imgKP, imgDesc = detector.detectAndCompute(
            cv2.cvtColor(imgs[i],cv2.COLOR_BGR2GRAY), None)
        imgsKPs.append(imgKP)
        imgsDescs.append(imgDesc)
    bf = cv2.BFMatcher(cv2.NORM_HAMMING, crossCheck=True)
    homographyMatrix = []
    alignImages = []
    for i in range(0, imageNum-1):
        rawMatches = bf.match(imgsDescs[i], imgsDescs[refImageID])
        sortMatches = sorted(rawMatches, key=lambda x: x.distance)
        matches = sortMatches[0:128]
        homographyMatrix.append( findHomography(           # （ピント位置中央画像への）
            imgsKPs[i], imgsKPs[refImageID], matches) ) # 位置合わせ、幾何変換行列生成
        alignImages.append( cv2.warpPerspective( imgs[i],
                        homographyMatrix[i],
                        (imgs[i].shape[1], imgs[i].shape[0]),  # （ピント位置中央画像に）
                        flags=cv2.INTER_LINEAR) )   # 位置合わせした、画像変換を実行
    return alignImages
```

■·····（中略）·····以下処理関数の定義部分

```python
def focusStack(images):   # 焦点合成・距離推定処理
    alignedImages = alignImages(images)   # ← ピント位置を変えると「画像の大きさなど」が変わるので、
    gaussianLaplacians = []                #     位置合わせする
    for i in range(len(alignedImages)):                      # シャープさ（エッジ量）を（指定周波数帯
        blurred = cv2.GaussianBlur(cv2.cvtColor(             # でエッジ検出する）LoG（Laplacian Of
            images[i],cv2.COLOR_BGR2GRAY), (3, 3), 0)       # Gaussian Filter）フィルタで見積もる
        gaussianLaplacians.append(cv2.Laplacian(blurred, cv2.CV_64F, ksize=5))
    gaussianLaplacians = np.asarray(gaussianLaplacians)
    aShape = alignedImages[0].shape; aDtype = alignedImages[0].dtype
    output = np.zeros(shape=aShape,dtype=aDtype)
    depth = np.zeros(shape=aShape, dtype=aDtype )
    for y in range(0, alignedImages[0].shape[0]):   # 画像中(x,y)位置の全ピクセルに対して、
        for x in range(0, alignedImages[0].shape[1]):  # 一番シャープなピント位置を「高さ」とする
            gaussianLaplacian = abs(gaussianLaplacians[:, y, x])
            maxIdx = (np.where(gaussianLaplacian == max(gaussianLaplacian)))[0][0]
            output[y,x] = images[maxIdx][y,x]       # ↑画像中(x,y) 一番シャープなピント位置
            depth[y,x] = maxIdx
    return  (output, depth)
```

■·····（中略）·····以下実行部分

次ページへ続く

```
image_files = sorted(os.listdir( "input" ))
focusimages = []
for img in image_files:
    if img.split(".")[-1].lower() in ["jpg"]:
        focusimages.append(
                cv2.imread("input {}".format(img)) )
merged, depth = focusStack(focusimages) 焦点合成・距離推定
cv2.imwrite("merged.png", merged)
cv2.imwrite("depth.png", depth)
```
> ディレクトリ内にある画像を読み込む
> 結果保存（全域合焦画像・高さ画像）

レスにアクセスできるiCloudに置いて、❶部分はiOS上のPythonistaで実行
し、❷❸のOpenCVを使った画像処理部分はPCのPythonを使い実行します。
❷❸処理をPC上で行う理由は、Pythonistaは画像処理ライブラリOpenCV
を使うことができない注3からです。

　iOSデバイスとPCから、❶部分と❷❸部分を個別実行する形にはなります
が、iCloud上の共通ディレクトリ注4で作業をしているので、入出力画像の受け
渡しを意識する必要はありません。

　❷❸部分の処理概略は、「ディレクトリ内にある複数の撮影画像を読み込み」
「各画像内の特徴点位置を検出して、ピント位置を変えた際の"画像ズレ"を除
去した上で」「撮影画像内の各画素位置(x,y)に対して、もっともシャープに写っ
ている(＝ピントが合った)撮影画像を選び、その画素位置(x,y)に対する高さ
(z)はピント位置を使い、その画素位置(x,y)のRGB画素値は合焦画像値(r,g,b)
とする」というものです。

≫≫ スマホとPythonがあれば、きっと楽しい「何か」ができる！

　コードを書いたら、AliExpressで購入した300円のスマホ用顕微鏡レンズ（**写
真1**）を使って、撮影実験をしてみます。顕微鏡レンズを使う理由は、「ピント
がズレた時のボケ量が大きく、ボケ量を使った距離推定がしやすい」「**図1**の撮
影画像のように、ピントが部分的にしか合わない顕微鏡画像では、焦点合成に
よるボケ除去自体がそもそも有用」だからです。

　プリント基板を撮影した処理結果例が**図2**、それを三次元的に可視化するコー

注3）iOSデバイスで動くPython環境で、OpenCVを使うことができるPyto(**URL** https://pyto.app)を使うと、デバイス上で完結するかもしれません。

注4）MacOSなら/Users/ユーザ名/Library/Mobile Documents/iCloud~com~omz-software~Pythonista3/Documentsです。

▼リスト3　推定した3次元形状と全域合焦画像を3次元として表示するPythonコード

```
import matplotlib.pyplot as plt
import numpy as np;  import cv2
from matplotlib.image import imread
from mpl_toolkits.mplot3d import Axes3D
from itertools import chain
%matplotlib notebook

l=256;  size=(l,l)
tex = cv2.resize(imread('merged.png'), size)  ← 全域合焦画像
z = cv2.resize( cv2.cvtColor(imread('depth.png',0),  ← 高さ画像
        cv2.COLOR_BGR2GRAY), size)
x = y = np.linspace(0, l, l);  x, y = np.meshgrid(x, y)
fig = plt.figure()
ax = fig.add_subplot(111, projection='3d')
ax.scatter3D(np.ravel(x), np.ravel(y), np.ravel(z),
        marker='.',c=np.reshape(tex,(l*l,3)))
plt.show()
```

画像の (x,y) 座標に対して、高さ (z)・色情報を使い3次元散布図を描く。そのために (x,y) 座標情報を作る

ドと結果例が**リスト3**と**図3**です。プリント基板上の配線部分が盛り上がっているようすなど、撮影対象の三次元形状とボケのない鮮明な色画像が生成されていることがわかります。

　もちろん、表面に模様が無いような領域では、ピント位置の抽出ができないため、距離(高さ)推定ができていない場所も散見されます。

▼図3　結果画像

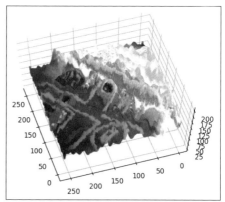

そうした部分にも良い結果を与えるようなコードを、工夫して書いてみるのも面白いはずです。

　「元気があれば、何でもできる！」はアントニオ猪木の名言。本当に「何でもできる」かどうかはわかりませんが、「何か」をできるようにするのがプログラミングです。今や誰もが手に持つ高機能なマイ・コンピュータであるスマホ、そんなスマホとプログラミングを組み合わせれば、楽しく役立つ「たくさんの何かできる」ことは間違いありません。

第6章 三次元画像処理の研究

6-2 スマホセンサ値で「三次元移動経路」を記録する
伊能忠敬メソッドで渋谷駅の地下大迷宮を可視化する!?

≫ 多層構造の大規模駅、それはまさに「地下大迷宮」

　鉄道路線の相互乗り入れが増え、多くの駅で大規模再開発が進んでいます。交通の便が良くなることもある一方、駅の構造が多層化・複雑化して、乗り換えの苦労が増える駅も増えています。

　乗り換えの苦労が増えた駅、その最たる場所が渋谷駅。地上から奥深く地下5階にある副都心線から、地下鉄なのに地上3階の高所を走る銀座線まで、彼の地はまるで、人を迷わせるために作られた冒険ゲームの地下大迷宮（ダンジョン）のようです。

　今回は、地下を歩くときでも、歩行経路を三次元的に記録・推定して、都市に点在する地下迷宮の姿を浮かび上がらせてみたいと思います。地下では、GPSの電波は入りませんから、「GPS情報には頼らず、スマホに搭載された他センサ機能だけ」でやってみます。

≫ iOSデバイスのセンサ値を記録するPythonistaコード

　歩行経路の推定は、スマホ上でリアルタイムに行いたいところですが、処理を簡単にするために、

❶スマホ (iOS) 上のPythonistaで、センサ値をファイル保存
❷PC上のPythonでファイルを読み込み、センサ値から経路推定

という手順[注1]にしてみます。

　❶の処理では、位置トラッキングに役立ちそうなスマホ搭載のセンサ値を記録してみます。図1が、iOS上で動くPythonプログラミング環境である

注1) iOSデバイスとPCからの2つの処理にはなりますが、前回と同じく、iCloudを実行ディレクトリ・作業ディレクトリとしておけば、ファイル転送を意識する必要はありません。

▼図1　スマホ内部センサ値を記録するPythonistaコード

```
import matplotlib.pyplot as plt
import console, motion, location, pickle ← 'motion'はセンサ値を取得するためのPythonistaライブラリ
from time import sleep
from objc_util import ObjCInstance, ObjCClass, ObjCBlock, c_void_p

def altimeterHandler(_cmd, _data, _error):
    global relativeAltitude
    relativeAltitude = ObjCInstance(_data).relativeAltitude().floatValue()   気圧（相対標高）を取得するた
                                                                             めのイベントハンドラ関数
handler_block = ObjCBlock(altimeterHandler, restype=None,
                argtypes=[c_void_p, c_void_p, c_void_p])
relativeAltitude = 0.0 ←相対標高を保持するグローバル変数

def main():
    arrayA = []; arrayM = []; arrayP = []; arrayJ=[]; arrayGPS = []; dataArray = [] ← 各センサ値を格納
    CMAltimeter = ObjCClass('CMAltimeter')                                            する配列
    NSOperationQueue = ObjCClass('NSOperationQueue')
    if not CMAltimeter.isRelativeAltitudeAvailable():                    気圧センサが利用
        print('This device has no barometer.'); return                   可能か調べたうえ
    altimeter = CMAltimeter.new()                                        で、気圧（相対標
    main_q = NSOperationQueue.mainQueue()                                高）を取得するイ
    altimeter.startRelativeAltitudeUpdatesToQueue_withHandler_(main_q, handler_block)  ベントハンドラを
    motion.start_updates(); location.start_updates() ←センサ値取得開始     登録する
    print('Logging start...')
    sleep(1.0)
    while true:                                               （重力加速度を除いた）XYZ加
        sleep(0.05)                                           速度・XYZ磁気強度・（気圧か
        a = motion.get_user_acceleration(); m = motion.get_magnetic_field()  ら算出した）相対標高・GPS位
        j = motion.get_attitude(); gps = location.get_location()  置を取得する
        if a[1] > 0.8: ←縦に（水平）手持ちしたiPhoneを、画面を自分のほうに急激に向けると、センサ値取得ループを終了する
            break
        dataArray.append([relativeAltitude,a[2],m[0],m[1]])
        arrayA.append(a); arrayM.append(m)
        arrayJ.append(j); arrayP.append(relativeAltitude)  センサ値を配列に格納
        arrayGPS.append(gps)
    motion.stop_updates(); location.stop_updates()  センサ値取得終了
    altimeter.stopRelativeAltitudeUpdates()
    print('Logging stop and saving start...')
    f = open('log.serialize','wb')                         センサ値を格納した配列群をシリ
    pickle.dump([arrayA, arrayM, arrayJ, arrayP, arrayGPS], f); f.close()  アライズして（iCloud上に）ファ
    print("Saving is finished.")                           イル保存する

if __name__ == '__main__':
    main()
```

Pythonistaで書いた、センサ値を記録し続けるPythonコード[注2]です。コードを実行すると、5種類の内蔵センサ（加速度・ジャイロ・磁気・気圧・GPS[注3]）からセンサ値を取得する処理を繰り返し、ユーザが「センシングを止めるための所定動作を行う」と、センサ値をファイルに書き出したのち、プログラム実行を終了します。

注2）　コードは本書のサポートページを参照。InouPositionTrackingディレクトリにあります。
注3）　GPSセンサからの三次元位置情報は、「地上で精度確認をするときのための参考情報」目的で取得しています。そのため、歩行経路を推定部分ではGPS情報は使いません。

≫≫ 「加速度センサ値の積分による三次元位置算出」は無理物語

　GPS情報を使わず、ほかのセンサだけで三次元経路を推定することができるでしょうか？　一番最初に思い付く方法は、「三軸加速度センサから得た三方向（XYZ）への加速度値を、一回積分することで各方向への速度を計算し、さらにもう一回積分することで、三次元の位置情報を刻々と手に入れる」という作戦です。

　しかし、今回のような、広範囲・長時間の歩行経路を推定したいたいような場合には、この作戦は現実的ではありません。その理由は、センサ値を2回も積分してしまうと、わずかな加速度値の誤差やノイズが、ありえないほどの大きな位置ズレを生み出してしまうからです。

　今回は、はるか昔の江戸時代、とても正確な日本地図を作り上げた“マッピング界のスーパースター”伊能忠敬[注4]の測量と同じ手法を、スマホセンサを使って実行してみます。……果たして、伊能忠敬手法は、21世紀の渋谷ダンジョンを、精度よく歩行経路推定することができるでしょうか？

≫≫ 「進む方向と歩いた距離」で地図を作った伊能忠敬

　忠敬の測量は、「進む方向（角度）を測量し、一定歩幅で歩くことで、歩数から進んだ歩行距離を計算して、進んだ方向と歩行距離から歩行経路を描いていく」という単純なものでした（図2）。

　スマホを使えば、加速度センサの鉛直振動情報から、歩行歩数がわかります。また、スマホを（体に対して固定して、なおかつ水平を保持して）一定の向きで持ち続けていれ

▼図2　伊能忠敬メソッドの3次元歩行推定

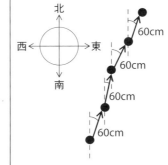

加速度センサの鉛直成分から「1歩ごと」のタイミングを取得し歩幅（階段以外では60cm、階段では32cm）分だけ、進行方向へ水平に進む。鉛直位置は、気圧センサから得た相対標高を使う

注4）　1800～1816年まで、足かけ17年をかけて日本全国を測量し、「大日本沿海輿地全図」を完成させた、江戸時代の商人・測量家。

ば（**図3**）、磁気センサ値を使うことで、地球磁極を基準に進む方向も知ることができます。つまり、伊能忠敬の測量作業も、スマホを使えば自動で行うことができるのです。

図4❷の処理が、PC上のPythonで「スマホセンサ値をファイルから読み込み、伊能忠敬の手法で歩行経路を推定する」コードです。ちなみに**図4**中の表示データは、秋葉原駅構内を歩いて記録してみたものです。

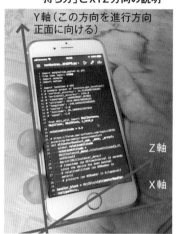

▼図3 伊能忠敬メソッドの「スマホの持ち方」とXYZ方向の説明

>>> 「階段」対策は気圧センサと建築基準法施行例で完璧だ

図4の歩行経路推定は、❶データ読み込み❷歩行抽出❹刻々の進行方向算出❺一歩ごとの「伊能忠敬処理」❻得られた三次元歩行経路をポイントクラウド情報として表示保存、という流れです。

❸部分は、グラフを描く処理で、必須処理ではありません。❷～❸の部分では、気圧センサから得られた相対標高と、加速度センサから得られた（重力成分を取り除いた）鉛直加速度成分にピーク抽出を行うことで得た「歩行」タイミングを、グラフにしています。グラフを眺めると、気圧センサからは、駅フロア間を階段移動する相対標高変化もきれいに現れていて、高さ情報が驚くほど敏感に得られていることがわかります。この結果をふまえて、❺の伊能忠敬処理では、気圧センサからの相対標高情報を、鉛直位置として用いています。

また、❺の伊能忠敬処理では、相対標高（気圧）変化がある時は、「階段を歩いている」と判断して、階段に応じた「歩幅」に変えています。具体的には、通常歩行時は60cmの歩幅ですが（忠敬は70cmでした）、階段上降時には32cmにしています。32cmという数値は、建築基準法施行令が定める公共施設での階段要件を踏まえ「駅階段の踏み面長（1段の奥行き）は平均32cm程度である」という豆知識によるものです。これで、階段部分の水平XY方向移動距離がより正確になるわけです。

▼図4 伊能忠敬メソッドによるスマホセンサ値から3次元歩行経路を推定するPythonコード

```python
import numpy as np; import pickle; from peakdetect import peakdetect
import scipy.signal as signal; import matplotlib.pyplot as plt

f = open('akiba.serialize','rb')
[userAcceleration, magneticField, relativeAltitude,gpses] = pickle.load(f)
f.close
```
シリアライズされたセ
ンサ値群を（iCloud）
ファイルから読み込む ①

```python
last=len(userAcceleration)
userAccelerationZ = np.array(userAcceleration)[:last,2] ←加速度をnp.arrayに読み込む
relativeAltitude = np.array(relativeAltitude)[:last] ←相対標高（気圧）を読み込む
n = len(userAccelerationZ)
timeStep = 1; x = timeStep*np.arange(0, n) ←時間軸（変数名x）を作成
```
歩行検出のために鉛直方向の ②

```python
bottoms = np.array(peakdetect(-userAccelerationZ, lookahead=3)[0])
tops = np.array(peakdetect(userAccelerationZ, lookahead=3)[0])
```
鉛直加速度から、歩行タイミン
グ抽出用に、上下のピーク検出

```python
plt.figure(figsize=(15,5))
plt.plot(x, 10*userAccelerationZ)
plt.plot(bottoms[:,0:1]*timeStep, 10*bottoms[:,1:2],'ro')
plt.plot(tops[:,0:1]*timeStep,10*tops[:,1:2],'yo')
plt.plot(x, relativeAltitude,"go")
```
気圧から換算した相対標高と鉛直加速
度、また鉛直加速度から抽出した上下
ピークをグラフ表示 ③

```python
mX = np.array(magneticField)[:last,0]
mY = np.array(magneticField)[:last,1]
headingRad=pi/2.0*np.arctan2(mY,mX) ←（手に持つ）「スマホの向き＝進行方向」を磁気センサから算出
```
XY方向の磁気センサ値を取得する ④

```python
xy = np.array([0.0,0.0]); xys = np.empty((0,2), float) ←水平方向（XY）位置格納用
xyzs = np.empty((0,3), float)
xyzs = np.append(xyzs, [np.array([0,0,0])], axis=0) →3次元（XYZ）位置格納用
for top in tops: ←（安定している）鉛直加速度センサの上側ピークを基準に「歩行」ループを実行する
    i = int(top[0:1])
    if i + altDiffN < len(relativeAltitude):
        if top[1:2] > 0.15:
            if abs(relativeAltitude[i+altDiffN]-relativeAltitude[i])>0.15:
                footstep = 0.32
            else:
                footstep = 0.6 ←普通に歩いているときの歩幅は60cmにする（伊能忠敬は70cm！）
            xy = xy + np.array(footstep)*[math.cos(headingRad[i]),math.sin(headingRad[i])]
            xyzs = np.append(xyzs,[np.array([xy[0],xy[1],relativeAltitude[i]])], axis=0)
```
階段を上り下りしてい
るとき12は歩幅（1歩で
進む水平距離）を、階段
の「平均踏み面長」にす
る ⑤

```python
import pandas as pd              3次元点群（ポイントクラウド）処理用
from pyntcloud import PyntCloud ← のライブラリ PyntCloud を読み込む
points = pd.DataFrame( xyzs.astype(np.float32),
                       columns=['x', 'y', 'z'])
points["red"] = ((xyzs[:,2]*10)*10).astype(np.uint8)
points["green"] = (255-(xyzs[:,2]*20)*6).astype(np.uint8)
points["blue"] = np.full(len(points), 128, dtype=np.uint8)
cloud = PyntCloud(points)
cloud.to_file("pointcloud5.ply") ←3次元歩行経路を点群ファイル（.ply）として保存
cloud.plot(initial_point_size=0.5) ←Jupyter上でThree.jsを使い点群を表示する
```
3次元歩行経路データを、
点群データ用に整形する
相対標高に応じた色
として点群色を設定
進行方向に向か
い、所定の歩幅だ
け進める（鉛直方
向位置は気圧か
ら算出した相対
標高を用いる） ⑥
Jupyter上で3次元
的な経路を眺め、さ
らに3Dアプリでも眺
めることができる

》 Jupyter Notebookに浮かび上がる地下大迷宮の「渋谷駅」

　Pythonistaによるセンサ値記録とPythonによる解析から、最終的に図5のような三次元歩行経路が得られます（秋葉原駅と渋谷駅の例）。そしてまた、渋谷駅での計測結果から得られた三次元歩行経路を、三次元地図と重ね描いてみたのが図6です。

　図5の例では、Three.jsを使ったJupyter Notebook拡張機能を使うことにより、歩行経路を3次元的にグリグリと動かしながら眺めることもできます。

　地下深くから地上高くまで、複雑怪奇な迷路に広がる「地下大迷宮」を眺めてみると、新鮮に感じられるのではないでしょうか。

▼図5　伊能忠敬メソッドによる3次元歩行経路表示例

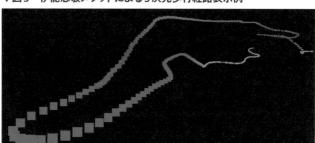

（図4のコードの最後で表示する）Jupyter上でThree.js拡張で表示した秋葉原駅例

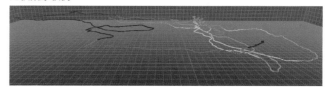

ポイントクラウド（ply）保存した結果をMeshlabで表示した渋谷駅例

▼図6　忠敬的に可視化した渋谷駅の地下迷宮

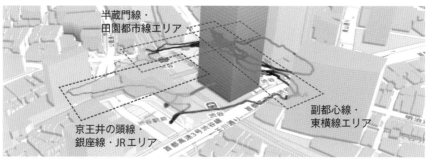

半蔵門線・田園都市線エリア

京王井の頭線・銀座線・JRエリア

副都心線・東横線エリア

地図データ（©Data OpenStreetMap & others ©Map Mapbox ©3D OSM Buildings）

多視点撮影や動画撮影から三次元空間を作り出す

自分が眺めるすべての世界、スマホで3Dデータにしてみる

昔は苦労した3Dスキャンも、今はスマホで簡単にできる

三次元(3D)撮影ができるタブレットやスマホが一般的になりつつあります。複数のカメラを備えることで撮影対象物までの距離分布を計測する機種もあれば、赤外レーザーで光照射をして、その反射光を撮影することで距離測定する機種もあります。そしてまた、普通の単眼カメラ撮影画像から、3D情報をソフト処理で作り出す機種も数少なくありません。

スマホに搭載されたソフトで、撮影画像から3D情報生成(3Dスキャン)ができるくらいですから、スマホ撮影画像をＰＣソフトウェアで処理すれば、スマホ撮影画像から3D情報を生成することはとても簡単です。

令和は、いつでもどこでも、スマホを持ち歩く時代です。スマホで3Dスキャンができるなら、眺める世界すべてを立体情報(3Dデータ)化することだって簡単です。たとえば、図1は、タイ・バンコクの裏通りを画像撮影して、3D化したものです。

今回は、無料で使うことができるＰＣソフトウエアを使った、「スマホ撮影画像からの3Dスキャン」の手順例を簡単にご紹介します。

撮影画像から3Dデータを作り出す原理とは?

撮影画像から3Dデータを作り出す方法はいくつもありますが、今回使うのは、フォトグラメトリー (Photogrammetry＝写真測量法) と呼ばれる手法です。簡単に言ってしまえば、複数位置から撮影した画像を使って三角測量を行う手法です。もう少し詳しく書くと、「複数の撮影画像に写る共通の特徴点を手掛かりにして、各撮影画像の撮影位置や撮影方向、あるいはカメラの光学特性などを同時に求めながら、撮影画像間の共通特徴点に対して (推定されたカメラ位置や方向からの) 三角測量を行って、三次元の幾何情報を推定」する手法です。

▼図1　バンコクの中華街近くの街並みを3Dスキャンした例

そんなフォトグラメトリーを行うソフトのCOLMAP注1を使い、スマホ画像から3Dデータ（三次元形状）を作り出してみることにします（図2）。

　COLMAPは、チューリッヒ工科大学のJohannes L.Schönberger氏が開発している、高機能なオープンソースのフォトグラメトリソフトです。無料で使うことができて、Windows/macOS/Linuxなどで動くバイナリも公開されています。なお、COLMAPで高品質な3Dデータを作るためには、NVIDIAのGPUを備えたPC環境で動くCUDA機能が必要です。したがって、NVIDIAのGPUが搭載されたPCに、CUDA対応版のバイナリをダウンロードするか、ソースからCUDA対応のビルドをしておきます。

COLMAPを使うと「1クリックで3Dスキャンができる」

　それでは、COLMAPを使って撮影画像から（3D位置や色情報を持った）3D点群情報を作り出してみましょう。

　まずは、3Dデータ化したい対象物を、撮影位置と撮影方向が少しずつ異なる複数位置から撮影します。そして、撮影した多視点画像群を、1つのディレクトリにまとめて格納しましょう。

　次に、COLMAPを起動します。そして、[Reconstruction]メニューから「Automatic Reconstruction」を選び、作業ディレクトリと多視点画像群を格納したディレクトリを指定します。

　最後に、[Run]をクリックすると、撮影画像から3Dデータを生成する計算が行われて、それで作業は終了です（図3）。

注1）　COLMAP（URL https://colmap.github.io）

▼図2　複数位置からのスマホ撮影画像と3次元データ生成フロー

　COLMAPで三次元情報を作り出す作業が終了したら、MeshLab[注2]で「推定された三次元データ」を眺めてみることにします（**図2**）。MeshLabは、無料で使うことができる、三次元情報を表示・編集するソフトウエアです。

　COLMAPで計算された結果（プロジェクトフォルダの下[dense] ⇒ [0] ⇒ [fused.ply]）をMeshLabで開いて（[File] – [Import Mesh]で「fused.ply」を開きます）眺めると、スマホで撮影した画像群から3Dデータが作り上げられていることがわかります。

　このように、スマホなどで多視点撮影さえすれば、「ほぼ1クリックで、撮影

注2）　**URL** http://www.meshlab.net

▼図3　COLMAPを使った3D点群生成とMeshLabによる結果の表示

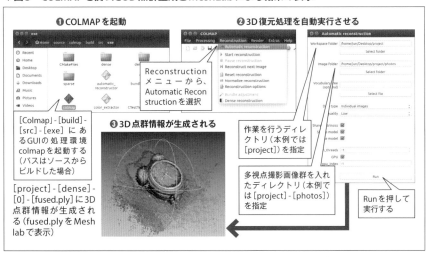

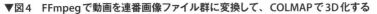

▼図4　FFmpegで動画を連番画像ファイル群に変換して、COLMAPで3D化する

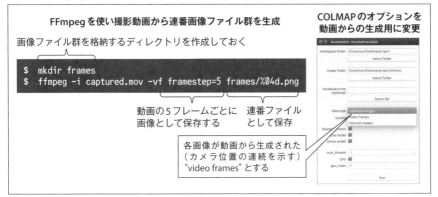

対象を3Dデータ化する」ことができるのです。

>>> 巨大建築も街並みも動画撮影で簡単3Dスキャンをしてみる

スマホ撮影で簡単に3Dスキャンができるといっても、写真を何枚も撮影するのは面倒なものです。手のひらに乗る程度の物なら、短い時間で撮影することもできるでしょうが、屋外にあるような巨大建築物や、あるいは街並み全体ともなれば、撮影するのは少し面倒です。

そんな時、とても役立つテクニックが、動画からの3Dデータ生成です。動画（ビデオ）を撮影して、動画ファイルを複数の画像ファイルに展開することで、3Dデータを生成するのです。このテクニックを使えば、「対象物の周囲を動画撮影しながら歩く」だけで、3Dスキャンができることになります。ちなみに、撮影動画から連番画像ファイル群への変換は、動画編集コマンドFFmpeg[注3]などを使

注3）　FFmpeg(URL) https://www.ffmpeg.org/

▼図5　チェンマイの巨大仏塔を3Dスキャンした例

▼図6　高速度撮影で駅ホームの風景を3Dスキャンした例

えば、とても簡単です（**図4**）。

　図5は、タイ・チェンマイにある寺院（ワット・チェディ・ルアン）に建つ、一辺が60メートルもの巨大な仏塔を、上記手順で3Dスキャンした結果例です。動画撮影からの3Dテクニックを使えば、こんなビッグサイズの建築物でさえ（早足で回れば）3〜4分で3D撮影ができることになります。

≫≫ 「動く対象物」も高速度撮影動画で一瞬で3D化できる

　最近では、高速度撮影（スローモーション映像）機能を備えたスマホも増えています。1秒あたり数百〜千コマ程度の撮影ができる機種も少なくありません。そんなスマホで高速度撮影をした動画から3Dデータを作れば、動く対象物であったとしても、ほぼ一瞬で3Dスキャンができます。たとえば、手に持ったスマホを素早く動かしながら高速度撮影すれば、それだけで3Dスキャンが完了するわけです。

　図6は、駅ホームを通過する電車の中から高速度撮影をして、駅のホームを3次元化した例です。人が歩き回る駅風景でさえ、3Dデータに変えて、コンピュータに取り込むことができるのです。

≫≫ 誰かが撮影した動画を、3Dデータ化してみるのも楽しい

　ちなみに、自分が撮影した動画でなくても、「動きながら＝視点を変えながら撮影した動画」さえあれば3Dデータを作ることができます。

　たとえば、TV番組で放映されたドローン空撮映像などを使えば、建築物や自然地形の3D復元ができます。あるいは、人工衛星や宇宙探査機が特殊撮影

▼図7　入院生活のベットの上で、3Dスキャンした自撮り例

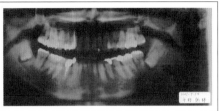

した動画映像を使うと、超巨大でロマンあふれる地球や太陽系の惑星や衛星といったものですら、3Dデータ化することができます。ひとたび3Dデータ化したなら、ＰＣやスマホ・タブレットで、立体的に自由に眺めることだってできるのです。

スマホで、身の周りの日常世界、すべて3Dスキャンする

身の周りにあるたくさんの物や風景、それらすべて、スマホで簡単に3Dスキャンすることができます[注4]。そして、身の周りどころか、3Dでの自撮りも面白いもの。図7は、8泊9日間の大学病院入院生活をした時、ベット上でスマホ3D自撮りした結果例です。腫れあがった顎を3Dデータとして立体で眺めたり、その原因をX線写真で眺めると、とても面白くなります。

自分の身の周りにあるものすべて、あるいは自分自身でも、何でも3Dデータにしてるのはいかがでしょうか。

注4）　とはいえ、「3Dスキャンが簡単になるにつれ、生じ始めた問題」も意識する必要があります。模型や造形物の展示会などで、展示物を3Dスキャンされることへの危惧も広がりつつあります。撮影可否については、通常の撮影以上に意識する必要があるかもしれません。

多視点撮影で「自由視点画像」を作ってみよう

6-4

簡単にわかる、光が届く方向を記録するライトフィールド処理

>>> 面上に並ぶ複数カメラの撮影画像を使った自由視点再現

「ある瞬間のある視点で見た風景」を切り取り記録する道具が「カメラ」でした。……過去形で「でした」と書く理由は、撮影位置を離れて、撮影位置とは異なる視点からの映像を眺めることができる技術も広まりつつあるからです。

2018年の始め、Insta 360カメラを作るArashi Visionが「約50cm四方の範囲内で、自由に視点を変えることができる、平面上に128個のカメラが並ぶシステム」を展示会などでデモしていました[注1]。Googleも、球面上に複数カメラを配置させたシステムで撮影した「自由視点から眺めることができる映像」を配信しています[注2]。

このような自由視点映像は、面上に配置された複数カメラを使い「空間上で光が届く場所や向きを撮影する、ライトフィールド（光線場）撮影」を行うことで実現されています[注3]。ライトフィールド撮影をすると、視点を変更した映像を作り出したり、あるいは、後からの焦点位置変更や、ボケ量を変えたりなど、さまざまな処理を行うことができるのです。

>>> ライトフィールドから「自由視点映像」を作り出す原理

図1のような、面上に配置された複数カメラ群から、ライトフィールドと呼ばれる考え方を使い、自由視点画像を作り出す原理、それを簡単に描いてみたのが図2です。

▼図1　面上に複数カメラが並ぶ
　　　　ライトフィールドカメラ

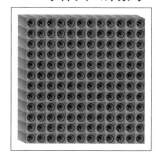

注1）　**URL** https://hacosco.com/2018/01/insta360_ces2018/
注2）　**URL** https://store.steampowered.com/app/771310/
　　　　Welcome_to_Light_Fields/
注3）　複数位置の撮影による、三次元情報だけを使った（三次元情報だけの）ライトフィールド処理がされていない自由視点映像も数多くあります。

▼図2 ライトフィールド実撮影画像からの「自由視点の仮想映像生成」原理

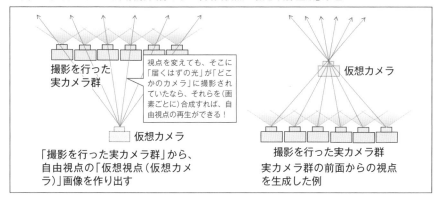

単純に言ってしまえば、「視点を変えた仮想カメラから見える光線」を、「どこか違う場所にある現実のカメラ」が撮影しているのなら、視点を変えた仮想カメラの各画素が受けるはずの光線(画素値)を、どこかの現実のカメラから見つけ出して組み合わせていけば、仮想カメラから見えるはずの画面を再構成できる、という原理です。

≫ COLMAPを使い、カメラ撮影位置を推定してみる

このようなライトフィールド撮影による「自由視点映像の再生」をやってみたくなる人も多いはずですが、膨大な数のカメラを並べて固定するのはとても大変です。そこで、とても簡単なライトフィールド撮影システム「スマホを手にして振るだけ撮影システム」を、作ってみることにします。

実現のポイントはとても簡単です。

❶エアー雑巾がけ撮影:スマホを小刻みに振りつつ高速度撮影して、撮影位置を推定すれば、撮影位置が少しずつ異なるカメラ群で撮影したのと同じ

❷自由視点作成処理:撮影位置がわかっている撮影画像群を使い、(仮想カメラから見た)仮想画像を生成する

です。そして、「撮影位置を推定すれば」という部分は、前節のCOLMAPを使えば、簡単に行うことができるのです。

▼図3　スマホ撮影動画から（前回記事の手順で）動画像展開＆撮影位置推定することで生成した面上の複数画像

撮影した動画中の各視点を3次元空間上で推定した結果

スマホで「エアー雑巾掛け」をするように動画撮影した結果、ほぼ平面状の複数カメラ配置による撮影がされている

実際に撮影した「Z座標＝0」な「XY平面上のカメラ視点」から離れ、自由視点の映像を作り出す！…のが今回の目的です

スマホの撮影動画から抽出した各撮影画像（フレーム）

Y座標

X座標

Z座標

762 Images - 171311 Points

≫≫≫ 「エアー雑巾がけ」動画撮影で「平面カメラ群」を作り出す！

　「❶エアー雑巾がけ撮影」は、被写体に向けて"平面上をエアー雑巾がけ"をするようにスマホを振りながら動画撮影するだけ、です。たとえば図3は、タイ・バンコクのチャオプラヤ川沿いの寺院で、エアー雑巾掛け動画撮影を行い、動画から展開した画像群の撮影位置を、COLMAPを使って三次元空間位置として推定した結果例です。周囲の視線に耐えながら、「エアー雑巾掛け風動画撮影」をした結果、「ほぼ平面上にカメラ群を配置した撮影システム」を作り出すことことができていることがわかります。

　COLMAPで「動画から生成した各フレーム画像の撮影位置の推定」ができたら、図4の手順で、各撮影画像の位置や向きといった情報をテキストファイルに書き出します。今回は、図5に示すBundler形式と呼ばれるフォーマットで、カメラの3次元情報や撮影画像名などをテキストファイルに書き出しておきます。

▼図4　推定した「動画中の各画像の撮影位置」などを、テキストファイルで書き出す

推定したカメラ位置（や特徴点位置）を外部出力する

Bundler形式（*.out）で、推定したカメラ位置（や特徴点位置）を出力する

平面カメラ群から自由視点映像を生成するPythonコード

そして、次が「❷自由視点作成処理」の仮想カメラ画像を生成する処理です。**図2**の原理に沿い、「視点を変更した場所から見えるはずの画像」を生成するPythonコード[注4]です（**図6**）。

コード内容は、

❶各撮影画像の「撮影位置」や「撮影方向」などを読み込む
❷（撮影方向がばらついている）各画像を、処理を簡単にするために、同じ撮影方向の画像に変換する（平行化）
❸「仮想カメラ」の画素位置に応じた光線を、実際に記録されたカメラの撮影画像から抽出する関数を定義する
❹❸で作成した関数を使って「仮想カメラ」画像を生成

というものです。

まず、❶部で、**図5**のフォーマットを踏まえて、各撮影画像の撮影位置や撮影方向などを読み込みます。そして、手持ち撮影をしていることによる、「撮影向きが撮影画像ごとに微妙にズレている影響」を防ぐために、また処理を簡単にするために、「カメラの撮影方向が完全に揃っていたら、こう見えていたはず」という画像へと変換（平行化）します（❷部）。

最後に、❸以降の部で、「視点[x, y, z]にある仮想カメラ」から見えるはずの光線を、実際に記録されたカメラの撮影画像から選び出す処理を行います。❸部分で行っている、仮想カメラの各画素に対する実カメラからの

注4）コードは本書のサポートページを参照。freeviewFromLightField ディレクトリにあります。

▼図5 テキスト形式で書き出された（Bundler形式の）カメラの3次元情報や撮影画像名リストのフォーマット説明

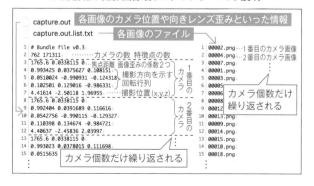

127

"光線"抽出コードは、**図2**の説明（仮想カメラの画素位置と実カメラ間の幾何的関係）を具体的に描いた**図7**に基づいています。

バンコクの寺院でスマホ撮影した動画は、XYZ座標で書くと、Z≒0のXY平面上にあります。……そんなXY平面状の実撮影位置から離れた「自由視点画像」を生成してみた結果が**図8**です。……スマホを手振り動画撮影した結果から、自由視点を生成できていることがわかります。

▼図7　仮想カメラの画素位置（u, v）から見える光線を、撮影した実カメラを（幾何関係を用い）算出する

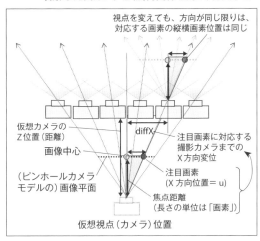

視点を変えても、方向が同じ限りは、対応する画素の縦横画素位置は同じ

仮想カメラのZ位置（距離）

diffX

画像中心

注目画素に対応する撮影カメラまでのX方向変位

（ピンホールカメラモデルの）画像平面

注目画素（X方向位置＝u）

焦点距離（長さの単位は「画素」）

仮想視点（カメラ）位置

視点を変えたときに見える姿の変化こそリアル＝現実だ

『物体の材質感を決める「光の反射」をリアル再現』で、「眺め方を変えた時の、インタラクティブな見た目の変化こそがリアルだ」と書きました。眺める対象が絵画でなく風景であっても同じです。視点を変えたときの「眼に入る姿の変

▼図8　視点位置 [x, y, z] =[-05, -0.5, 2] に対して生成した仮想カメラ画像

「実際の撮影された視点」密度不足による擬似輪郭発生は、ランダムに荒らすことで防ぐ

▼図6　スマホ手持ち動画からの自由視点映像生成Pythonコード

❶ (動画から切り出された) 各撮影位置や方向の読み込み

```python
import numpy as np
f = open("capture.out", "r"); next(f); g = open("capture.out.list.txt", "r"); ←ファイルと、各画像ファイル
camN = int(f.readline().split(' ')[0]); F_K12s=[]; Rs = []; Ts = []; filenames = [];
for i in range( camN ):
    F_K12s.append( [ float(x) for x in f.readline().strip().split(' ')] ) ←
    R = np.array([ [ float(x) for x in f.readline().strip().split(' ')], # R(回転行列)
                   [ float(x) for x in f.readline().strip().split(' ')],
                   [ float(x) for x in f.readline().strip().split(' ')] ])
    R[:,1:] = -R[:,1:]; Rs.append( R )    # Y方向を反転(図になじらないように反転)
    Ts.append( [ float(x) for x in f.readline().strip().split(' ') ] ) # T(並進ベクトル) ←撮影位置
    filenames.append( g.readline().strip() )    ←capture.out.list.txtの画像ファイルパス
f.close
```

各画像の幾何位置・方向や歪み
焦点距離やレンズ歪み推定結果
撮影方向(回転行列)
撮影画像分繰り返し

❷ 各画像の位置・方向・焦点や画像歪みを使い「同じ向きのカメラ画像」に変換

```python
import cv2
imgs = []
for i in range( camN ):
    img = cv2.imread("images/"+filenames[i] ); h, w = img.shape[:2] ←画像を読み込み、縦横サイズ取得
    cameraMatrix1 = np.array([
        [F_K12s[i][0], 0.0,          w/2.0 ],
        [0.0,          F_K12s[i][0], h/2.0 ],
        [0.0,          0.0,          1.0] ] )
    distCoeffs1 = np.array( [ F_K12s[ i ][1], F_K12s[ i ][ 2 ], 0, 0, 0 ] ) # 歪み係数 ←撮影画像のレンズ歪み
    newcameramtx, roi = cv2.getOptimalNewCameraMatrix(
        cameraMatrix1, distCoeffs1, (w,h), 1, (w,h) )
    map = cv2.initUndistortRectifyMap( cameraMatrix1,
        distCoeffs1,
        np.array( Rs[i] ),
        newcameramtx, (w,h), cv2.CV_32FC1)
    dst = cv2.remap( img, map[0], map[1], cv2.INTER_LINEAR)
```

焦点距離などで表される カメラモデル
撮影画像分繰り返し
撮影方向が揃うための「平行化」変換

❸ [x, y, z] 位置の仮想カメラ画像を生成する準備

```python
import math
start = -3.0; end = 3.0; n = 100;    # 撮影透過の対象領
posn = [ [0 for i in range(n)] for j in range(n) ] # [x,y,z]位置のカメラID記列 ←も近いカメラの番号を記憶する
for iy in range( n ):
    for ix in range( n ):
        y = start + iy * (end - start ) / n; x = start + ix * (end - start ) / n
        nearCam = 0; nearDistance = 100
        for i in range( camN ):
            distance = math.sqrt( (Ts[i][0] - x)**2 + (Ts[i][1]-y)**2 )
            if (distance < nearDistance):
                nearCam = i; nearDistance = distance
        posn[ix][iy] = nearCam

def nearCam(x, y):    # (x,y)座標に近いカメラIDを返す(z座標は0)
    ix = int( (x - start) / ( (end - start ) / n ) )
    iy = int( (y - start) / ( (end - start ) / n ) )
    return posn[ ix ][ iy ] # (上記で)事前作成の配列でIDを返す

def cam_IDfromXYandUV(x, y, z, u, v): # 仮想カメラ位置X,Y,Zと画素位置U,Vから実カメラ位置XY算出
    diffX = (u - w/2.0) * F_K12s[0][0] * z # 焦点距離はカメラ0のものを使う
    diffY = (v - h/2.0) * F_K12s[0][0] * z # 焦点距離はカメラ0のものを使う
    return nearCam( x-diffX, y-diffY ) # Y軸は(vが下向きなので)反転不要
```

X,Y座標ともに撮影領域範囲を100分割し、そのX,Y座標にもっとも近いカメラの番号を記憶する

X,Y座標の各位置と、各カメラの撮影位置の距離を算出し、全部のカメラを比較することで、所定X,Y座標にもっとも近いカメラを記憶する

X,Y座標位置を与えられたら、事前に(上部で)用意した、所定X,Y座標にもっとも近いカメラの番号を返す

画像内の画素位置に応じた「注目画素」が対応する光線を撮影した実カメラXY位置を算出するXY変位」を計算する。本部分は図7の幾何関係を式にしたものです

❹ 適当な位置からの自由視点画像を生成してみる

```python
npimg = np.zeros((h, w, 3))
for y in range( h ):
    for x in range( w ):
        r = np.random.normal(0, 0.6) # 擬似輪郭の低減にバラツキ付与
        i = cam_IDfromXYandUV( -0.5, -0.5, 2+r, x, y)
        if ( y < imgs[ i ].shape[0] and x < imgs[ i ].shape[1] ):
            npimg[y, x] = imgs[ i ][y, x]
plt.imshow( npimg/255 )
cv2.imwrite('result.png', npimg )
```

「実際の撮影された視点」の密度不足による擬似輪郭発生は、今回は簡易に誤差拡散的に防いでみます

画素位置に応じた「注目画素」が対応する光線を撮影した実カメラXY位置を計算する

化」にこそ、"リアル"を感じる情報が詰まっています。たとえば、視点が少し
だけ異なる左右の目、そこから見える「違い」に立体感を感じたり、微妙な向き
の違いで変わる光のきらめきから季節感が見えてきたり……。

　「空間を進む光」を異なる視点で写し取るライトフィールド撮影を、手に持つ
スマホで実現するテクニックを身につけて、日常生活や旅先で眺める現実を、
まさにリアルに記録してみるのはいかがでしょうか。

第 1 章

物理計算の研究

カメラで「ビリヤードのボール軌道」を予測する

キューや玉の位置から未来を予言するプログラムを作る

≫≫ 画像処理ソフトを作って「ビリヤードの達人」になろう!

羅紗 (ラシャ) 布を貼ったテーブル上に堅いボール (球) を置き、キュー (棒) で白色の手球を撞 (つ) いて、手球をほかのボールに当ててテーブル周囲にあるポケットに落としていく競技が、ビリヤードです (図1)。

ビリヤードの達人が、キューで手球を撞くと、手玉が的球に見事に当たり、的球はポケットに向かって走り、当たり前のようにコトンと落ちるものです。

今回は、ビリヤード・テーブルをカメラで撮影し、ボールの位置やキューの向きを検出することで、「手球をキューで撞いたとき、手球や的球がどう動いていくか」を未来予測する画像処理ソフトを作ってみることにします。つまり、誰でも「ビリヤードの達人」になることができるソフトを作ってみよう!というわけです。

▼図1 ビリヤード・テーブルと簡単なルール

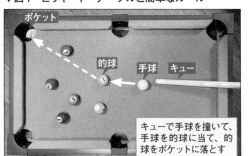

キューで手球を撞いて、手球を的球に当て、的球をポケットに落とす

≫≫ 撮影画像からボールとキュー (棒) を検出してみる!

まずは、ビリヤード・テーブルの上空にカメラを取り付けて、ビリヤード・テーブル上部が「キッチリ・ピッタリ映し出される」ような構図で、画像撮影してみます (図2)。そして、

・撮影した画像ファイルを読み込み、
・ビリヤード・テーブルの上にある各ボールの位置と大きさ

・手球を撞こうとするキュー（棒）の位置や向きを検出する

▼図2　ビリヤード・テーブルを上部から俯瞰撮影する

ような処理を行うPythonコード[注1]を書いてみます（図3）。

テーブル上にあるボールの位置は、OpenCVの円検出関数を使えば、簡単に推定することができます。さらに、OpneCVの線分検出関数を使ってキュー（棒）端部を見つけ出した上で、両端部の平均位置・向きを計算することで、キューの位置や向きを検出することができます。

》》》「キューで撞いた手球」「手球が当たる的球」の未来を予測

ビリヤード・テーブルの上に配置されたボール、そして、プレイヤーが手に持つキューの位置・向きがわかったら、次は「キューに撞かれた後の手球の動きや、手球が的球に当たった後の的球の動き」を予測してみることにしましょう。

図4は、キューが手球を撞いたときや、手球が的球に当たったときに、「衝撃を受けたボール」がどのように動いていくか、その原理を示したイラストです。ボールに（キューや他のボールなどの）物体がぶつかると、ぶつかった「衝突点」から「ボールの重心＝中心」へ向かう方向へと、衝撃を受けたボールは動いていきます。

この原理に基づいて、まず「キューで手球を撞いたとき、キュー先端が手球のどこにあたるか」を計算します。そして「手玉がキューが手球に当たった衝突点から、手球中心に向かう方向」に動いていったとして、転がり始めた手球と次のボール（的球）がぶつ

▼図4　ボールは「（相手と）ぶつかった箇所からボール中心へと向かう方向」に転がり・動く

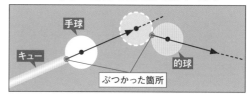

注1）　コードは本書のサポートページを参照。billardCameraディレクトリにあります。

かる「衝突点」を求めて、最終的に「的球の動き（転がる方向）」を未来予測するコード[注2]が図5です。

注2）ページ制約から、ボール検出やキュー検出時のエラー処理は行っていません。

▼図3 撮影画像から、テーブルの上のボール（位置）やキュー（位置・方向）を検出する

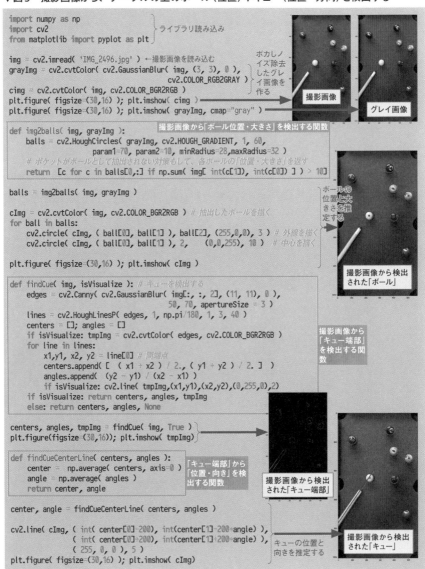

　図5の結果例を眺めると、キューで撞かれた手球の動きや、手球が当たった的球がどの方向に転がっていくか?――といったこと、つまり未来が、予測されていることがわかります。図5の撮影画像例では、ギリギリとはいえ、的球をポケットに落とすことができそうだ……ということがわかります。

▼図5　撞かれた手球や的球の動きを、物理的に予測する

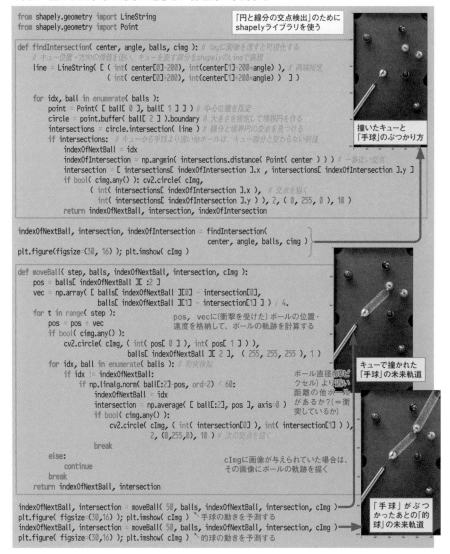

```
from shapely.geometry import LineString
from shapely.geometry import Point                          「円と線分の交点検出」のために
                                                            shapelyライブラリを使う

def findIntersection( center, angle, balls, cimg ): # imgに画像を渡すと可視化する
    # キュー位置・方向の情報を使い、キューを表す線分をshapelyのLineで表現
    line = LineString( [ ( int( center[0]-200), int(center[1]-200+angle) ), # 両端指定
                         ( int( center[0]+200), int(center[1]+200+angle) ) ] )

    for idx, ball in enumerate( balls ):
        point = Point( [ ball[ 0 ], ball[ 1 ] ] ) # 中心位置を指定
        circle = point.buffer( ball[ 2 ] ).boundary # 大きさを指定して境界円を作る
        intersections = circle.intersection( line ) # 線分と境界円の交点を見つける
        if intersections: # キューから手球より遠い他ボールは、キュー部分と変わらない前提
            indexOfNextBall = idx
            indexOfIntersection = np.argmin( intersections.distance( Point( center ) ) ) # 一番近い交点
            intersection = [ intersections[ indexOfIntersection ].x , intersections[ indexOfIntersection ].y ]
            if bool( cimg.any() ): cv2.circle( cImg,
                ( int( intersections[ indexOfIntersection ].x ), # 交点を描く
                  int( intersections[ indexOfIntersection ].y ) ), 2, ( 0, 255, 0 ), 10 )
            return indexOfNextBall, intersection, indexOfIntersection

indexOfNextBall, intersection, indexOfIntersection = findIntersection(
                                      center, angle, balls, cimg )

plt.figure(figsize=(30, 16) ); plt.imshow( cImg )

def moveBall( step, balls, indexOfNextBall, intersection, cImg ):
    pos = balls[ indexOfNextBall ][ :2 ]
    vec = np.array( [ balls[ indexOfNextBall ][0] - intersection[0],
                      balls[ indexOfNextBall ][1] - intersection[1] ] ) / 4.
    for t in range( step ):
        pos = pos + vec                              pos，vecに(衝撃を受けた)ボールの位置・
        if bool( cimg.any() ):                       速度を格納して、ボールの軌跡を計算する
            cv2.circle( cImg, ( int( pos[ 0 ] ), int( pos[ 1 ] ) ),
                        balls[ indexOfNextBall ][ 2 ], ( 255, 255, 255 ), 1 )
        for idx, ball in enumerate( balls ): # 衝突検知
            if idx != indexOfNextBall:
                if np.linalg.norm( ball[:2]-pos, ord=2) < 60:
                    indexOfNextBall = idx
                    intersection = np.average( [ ball[:2], pos ], axis=0 )
                    if bool( cimg.any() ):
                        cv2.circle( cImg, ( int( intersection[0] ), int( intersection[1] ) ),
                                    2, (0,255,0), 10 ) # 次の交点を描く
                    break
            else:
                continue
            break
    return indexOfNextBall, intersection

indexOfNextBall, intersection = moveBall( 50, balls, indexOfNextBall, intersection, cImg )
plt.figure( figsize=(30,16) ); plt.imshow( cImg ) # 手球の動きを予測する
indexOfNextBall, intersection = moveBall( 50, balls, indexOfNextBall, intersection, cImg )
plt.figure( figsize=(30,16) ); plt.imshow( cImg ) # 的球の動きを予測する
```

撞いたキューと「手球」のぶつかり方

キューで撞かれた「手球」の未来軌道

ボール直径(60ピクセル)より近い距離の他ボールがあるか?(=衝突しているか)

cImgに画像が与えられていた場合は、その画像にボールの軌跡を描く

「手球」がぶつかったあとの「的球」の未来軌道

　つまり、まだ手球が撞かれてもいない、手球にキューを向けた瞬間に、「キューで撞いた手球がビリヤード・テーブル上を走り、その手球が的球に当たって、衝撃で走り出した的球がポケットに落ちる未来」を、画像処理と少しの物理計算で、予言することができるのです。

≫≫ カメラ映像からの「リアルタイム予測」コードを書いてみる

　ここまでのコードは、わかりやすさのため、撮影画像をファイルから読み込み、ボール位置とキューの位置や方向検出、そして、ボールの未来予測を行ってみました。けれど、実用性を考えれば、ファイル画像からではなく、カメラ映像からのリアルタイム未来予測をしてみたくなります。

　そこで、ここまで書いたコードを流用し、カメラに写し出された映像から「リアルタイムにビリヤードの未来を予測するコード」[注3]が**図6**です。

≫≫ 今の世界を眺めた上で、次の未来を予測・実感したい

　昔は難しかった「未来予測」も、最近は実用的になりつつあります。たとえば、明日や数日後の天気予報も、当たる確率が高くなってきています。天気予報の精度が上がった理由は、航空機や人工衛星から地球上空の大気情報が手に入るようになったことや、高速な計算機システムにより未来予測するプログラム

注3）　ボールやキューに対する検出エラー対策をしていないコードですから、安定動作させることは難しいので、エラー例外処理を適当に入れてみましょう。また、スマホで動かしてみるのも面白いでしょう。たとえば、iOSであれば、Pyto(**URL** https://pyto.app)のようなOpenCVを使うことができるPythonを使うおがお勧めです。

▼図6　画像ファイルからでなく、ビデオカメラ入力に対して「未来予測」をするように変える

```
cap = cv2.VideoCapture( 1 )  ビデオデバイスを開く(数字部分は必要に応じて変える)
while True:
    ret,img = cap.read(); cImg = img.copy()  図3, 5で(関数定義をしたうえで)単一画像に対して掛けた処理コードと同じ
    grayImg = cv2.cvtColor( cv2.GaussianBlur( img, (3, 3), 0 ), cv2.COLOR_RGB2GRAY )
    balls = img2balls( img, grayImg )
    centers, angles, tmpImg = findCue( img, False )
    center, angle = findCueCenterLine( centers, angles )
    indexOfNextBall, intersection, indexOfIntersection = findIntersection( center, angle, balls, cImg )
    indexOfNextBall, intersection = moveBall( 50, balls, indexOfNextBall, intersection, cImg )
    indexOfNextBall, intersection = moveBall( 50, balls, indexOfNextBall, intersection, cImg )
    cv2.imshow( 'image', cImg )
    if cv2.waitKey(1) & 0xFF == ord('q'): break   ←"q"キーを押すまで、処理を続ける

cap.release()
cv2.destroyAllWindows()      ビデオデバイスを閉じる
```

の能力が進化しているからでしょうか。

　今回は、ビリヤード・ゲーム[注4]を題材に、ビリヤード・テーブルの上空から
得た情報を使って、ゲームの未来予測をするプログラムを作ってみました。

「バスケのフリースロー」で学ぶ 物理計算
超簡単なニュートン力学シミュレーターを作ってみる

≫≫ 「実に面白い。」物理計算の世界

コンピュータによる物理（科学）計算というと、「難しくて、さっぱりわからない」「面白味にかける」といった印象を持つ方もいるかもしれません。けれど、実はまったく正反対、「簡単なのに面白い」のが、物理計算（シミュレーション）プログラミングです。

身の周りにある建築物や工業製品、あるいは、天気予報などの自然現象予測……。今では、ありとあらゆる用途に物理（科学）計算が必要不可欠な時代になっています。たとえば、ゲームでも「物理エンジン」を使わないソフトウェアの方が珍しい時代です。

今回は、バスケットボールの「フリースロー」を題材にして、物理計算プログラムを作り、楽しんでみたいと思います。

▼図1　バスケットのフリースローを計算してみよう

0.24m　0.46m

3.1m

4.2m

≫≫ 方程式をプログラムして計算すれば「すべて」がわかる

物理計算プログラミングが、とても簡単なのに面白い理由は「最小限の動きのルール」を書くだけで、プログラムを動かすと「世界の色んな現象を再現できて楽しい」からです。そして、まるで「自分が世界を作った創世主」であるかの心地にすらなるからです。

「最小限の動きのルール」というのは、計算の対象とする現象を説明する方程式です。つまり、福山雅治が演じる「ガリレオ」湯川先生が、ホワイトボードに

すらすらと書き出す「物理方程式」です。

　ちなみに、今回の題材とするバスケのフリースローを計算するために必要な方程式は「ニュートンの運動方程式」、わたしたちの身の周りのさまざまなことを計算できる古典（ニュートン）力学の基本方程式です。まずは、ニュートンの運動方程式がどういうものか、簡単に納得してみることにしましょう。

》》 連続写真で「位置と速度と加速度の関係」を納得しよう

　手始めに、ニュートンの運動方程式の説明に使う「位置・速度・加速度」という言葉を、イラストで解説しておきます。

　シャッタースピード1/100秒で連続撮影した、「走る車」のイメージ画像が**図2**です。

　最初の**時刻①**での撮影画像を見ると、車は動いているようですが、シャッターが開いていた1/100秒間には、車はわずかしか動いていません。車がいる場所を「位置」と呼び、車の位置が「その瞬間にどれだけ動いている＝変化しているか」を「速度」と呼びます。**時刻①**の瞬間の場合は、「車の速度」は遅かった、ということになります。

　そして、次の**時刻②**、つまり次の1/100秒間を撮影した画像を見ると、**時刻①**から、車の

▼図2　連続写真で納得する「位置・速度・加速度」

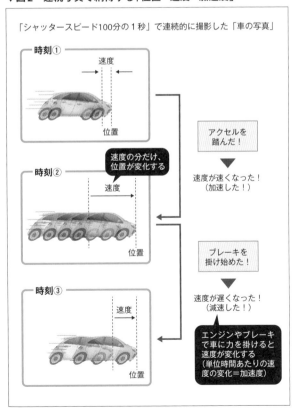

速度の分だけ位置が移動しています。さらに運転手がアクセルを踏んだのか、車が動く速度が変化してさらに速くなっています。この「速度の変化量」[注1]のことを「加速度」と呼びます。**時刻**②では、速度が増えている＝加速しているので、加速度は「増えた＝プラスだ」ということになります。

最後の**時刻**③になると、車の位置は速度分だけ移動していますが、運転手がブレーキを踏んだのか、**時刻**②の時よりも速度が遅くなっています。つまり、速度の変化量＝加速度が「小さく・減って」います。

「位置」「速度」「加速度」という用語さえ覚えれば、もうニュートンの運動方程式を納得したようなものです。

≫ ボールの動きを計算する「ニュートンの運動方程式」

ニュートンの運動方程式は、

速度の変化（加速度）＝（物体に働く）力 ／ 物体の重さ …… **式1**

という式です。この式を読み解くと、

・「物体に力を働かせると、速度が変化する」（速度の変化量＝加速度は力に比例する）」
・「同じ力を働かせても、物体が重いと、速度の変化は少ない」（速度の変化量＝加速度は重さに反比例する）

というものです。

図2の車の例では、アクセルを踏んで車に進む力を与えれば加速する（加速度はプラスになって＝速度が増える）し、ブレーキを踏んで車を止める方向の力を掛けると、減速する（加速度がマイナスで＝速度が遅くなる）というわけです。……当たり前ですよね。そんな当たり前のことを計算できるのが、ニュートンの運動方程式です。

そしてまた、「同じ力を掛けても（たとえば乗車人数が多く）重いと、車の速度は変化しづらい」ということも、「重いものを動かしたり・止めようとしたら、重さの分だけ力が必要だ」と、自然に納得できることと思います。

注1）　単位時間あたりの速度の変化量が加速度です。

≫≫ 「落ちるリンゴ」と同じように、重力で下に落ちるボール軌道を「ニュートンの万有引力の法則」で計算する

バスケのフリースローのボールの動きを計算するためには、もう1つの式が必要です。それは「ボールに働く重力」を表す「万有引力の法則」です（**図3**）。

木の枝からリンゴが地球に向かって落ちるのと同じように、放り投げたバスケのボールも地球に引かれて下に向かって落ちていきます。その「重力」の強さを表すのが、万有引力の法則です。

万有引力の法則を使い、地上で働く重力を簡単に表すと、

物体に働く重力 ＝ 重力加速度 × 物体の重さ …… 式2

のようになります。つまり、「物の重さに比例した力（重力）で地球に引っ張られる」というわけです。「重い物ほど強い力で地球に引っ張られる」というのも、感覚的に当たり前でしょう。

そして、**式2**が鉛直方向＝上下方向に働く力を表していることを踏まえて、式1に代入すると、

鉛直方向の速度の変化（加速度） ＝ 重力加速度 ……式3

という式[注2]になります。これは、「地球に引っ張られて飛んでいる物体」の（鉛直方向の）動きを表す方程式で、バスケのフリースローで投げられたボールの動きも、この方程式にしたがいます。

注2) ちなみに、**式3**から、地標で落下する物体の速度は重さによらず「重力加速度」で決まることがわかります。ガリレオ・ガリレイがピサの斜塔から「違う重さのものを落としたけれど、落ちる速度は同じだった（同時に地上に落ちた）」という伝説も、（空気抵抗を無視すれば）納得できるのではないでしょうか。

注3) 「ピサの斜塔実験」を、実際にはガリレオは行っていないと、言われています。

▼図3　ニュートンの万有引力の法則とガリレオのピサの斜塔実験[注3]

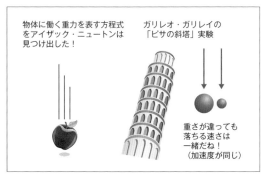

物体に働く重力を表す方程式をアイザック・ニュートンは見つけ出した！

ガリレオ・ガリレイの「ピサの斜塔」実験

重さが違っても落ちる速さは一緒だね！（加速度が同じ）

そこで、この式を細かい時間ステップごとに繰り返し計算して、ボールの動きを刻々と追いかけていけば、フリースローのボール軌道をシミュレーションできることになります。つまり、「ボールの鉛直方向速度を重力加速度で変化させながら、ボール位置を速度分だけ（前の位置から）移動させる計算を繰り返せば、ボールがどう動いたかがわかる」というわけです。

それでは、そんな計算処理をするPythonコード[注4]を書いて、そのしくみを納得しつつ遊んでみることにしましょう。

≫ まずは「ボールを投げるだけ」約20行のコードを書いてみる

手始めに、「ボールを投げるだけ」のプログラムを書き、シミュレーション結果を眺めてみることにしましょう。**リスト1**は、Jupyter Notebook上にPythonでコーディングした「バスケのフリースロー計算」ソースコードリストの叩き台です。三角関数やグラフ表示に必要ライブラリを読み込んだ後（1〜2行目）、「ボールを投げる」処理関数throw()を作り（8〜25行目）、throw()を3回呼ぶことで「ボールを投げる角度違いの3投」を行い（33〜35行目）、表示関数[注5]（27〜31行）を使ってボールの軌跡を表示しています（37〜39行目）。本体部分だけなら、わずか約20行のPythonコードです。

ちなみに、5〜6行目の関数interaction()は「壁や床へぶつかったり、ボールがゴールに入ったりした時の処理」を行いますが、今の時点では「何もしない」関数としておきます。

さて、**リスト1**の核とも言えるthrow()関数は、スタート時点のボール位置(x,y)や投げる速度(v0)や投げる角度(angle)、そして、ボールの動きを何回（何ステップ）繰り返して計算するか(repeatNum)、どのくらいの細かい時間ごとに計算を行うか(dt)を引数にして、次の手順で計算を行います。

まず、ボールがゴールに入ったかを記録するフラグ変数と、時々刻々のボール位置(x,y)を格納すしてくための配列を初期化します。そして、ボール位置と速度を、与えられた引数で初期化します。加速度は「重力加速度＝下向き9.8m/s²になる」という**式3**の処理をさせます。

注4）コードは本書のサポートページを参照。simulation4beginersディレクトリにあります。
注5）3行目の%matplotlib inlineは、結果表示のグラフをJupyter Notebook中に埋め込み表示するためのコマンドです。

142

▼リスト1 「ボール投げプログラム」とボールを35度・45度・55
度で投げるコード

```
1 from math import sin, cos, radians
2 from matplotlib import pyplot as plt
3 %matplotlib inline
4
5 def interaction(x,y,vx,vy,ax,ay,dt): # ぶつかる処理など
6     return (False,x,y,vx,vy)  # (後で書くので、今は何もしない)
7 #ボールを投げて、軌跡=位置 (x,y)配列、ゴールしたかを返す
8 def throw(x,y,v0,angle,repeatNum,dt): #位置,初速度,角度,計算回数,計算ステップ
9     isSuccess = False # ボールがゴールに入ったか
10    xarray = []; yarray = []  # 水平=x方向と鉛直=y方向の位置格納配列
11    vx = v0*cos( radians(angle) )  # ボールの速度 (水平=x方向)
12    vy = v0*sin( radians(angle) )  # ボールの速度 (鉛直=y方向)
13    ax = 0.0  # 水平=x方向に働く加速度はゼロ
14    ay = -9.8  # 鉛直=x方向に働く加速度=重力加速度
15    for i in range(repeatNum):  # 時間を細かく進めながら、計算していく
16        vx = vx + ax*dt  # 水平=x方向加速度で、水平方向速度が変化
17        vy = vy + ay*dt  # 鉛直=x方向加速度で、鉛直方向速度が変化
18        x = x + (vx-ax*dt/2)*dt  # 水平(x)方向速度で、水平位置が変化
19        y = y + (vy-ay*dt/2)*dt  # 鉛直(x)方向速度で、鉛直位置が変化
20        isPassing,x,y,vx,vy = interaction(x,y,vx,vy,ax,ay,dt)
21        if isPassing:
22            isSuccess = True
23        xarray.append(x)  # 水平(x)位置を、水平位置を格納する配列に追加
24        yarray.append(y)  # 鉛直(x)位置を、鉛直位置を格納する配列に追加
25    return (xarray,yarray,isSuccess)
26    # 描画関数
27 def prepareFigureArea():
28    plt.figure(figsize=(5,5))  # グラフの大きさを設定
29    plt.xlim([0,5]); plt.ylim([0,5])  # 描くXY領域(各0から5まで)を設定
30    plt.xlabel('X - Axis (m)');plt.ylabel('Y - Axis (m)')  # 軸説明
31    return
32 # ボールを投げ、軌跡・結果を得る。引数：スタート位置,初速度,角度,計算回数,計算ステップ
33 x1,y1,isSuccess = throw(0,0,6,35,500,0.01)
34 x2,y2,isSuccess2 = throw(0,0,6,45,500,0.01)
35 x3,y3,isSuccess3 = throw(0,0,6,55,500,0.01)
36 # 描画する
37 prepareFigureArea()
38 plt.plot(x1, y1, 'bo-', x2, y2, 'ro-',x3, y3, 'ko-')
39 plt.legend(['35 deg.','45 deg.','55 deg.'])
```

上下(y)方向速度 Vy＝V0×サイン(角度)
速度V0
横方向速度 Vx＝V0×コサイン(角度)

「加速度」は「単位時間あたりの速度変化量」なので、「加速度(=ax)×次の時間までの時間間隔(=dt)」が「速度変化量」になります。「速度の変化量」を「今の時点の速度」に足すと、「次の時間の速度」を計算することができます。それを式にすると、vx+ax*dtとなります。水平(y)成分も同様です。

位置計算も、速度と同じように「次の時刻の位置=今の位置+速度×次の時刻までの時間」としたくなります。ただし、この式そのままでは、計算誤差が出ます。なぜかというと「速度は刻々変わっているから」です。そこで、「今の時刻の速度と次の時刻の速度の平均(vx+(vx+ax*dt))/2＝vx+ax*dt/2」を使い、それに時間間隔(dt)をかけることで、「刻々変わる速度の平均×移動する時間=移動距離」と計算しています。なお、コードでは+が-と逆になっているのは、vxとvyを(コード行数を少なくするために)先に(上の行で)更新しているためです。

さらに、15〜24行目の繰り返し文で、「次の瞬間のボール速度は、その瞬間の速度に、加速度分を足した値になる」「次の瞬間のボール位置は、今の位置に速度（と加速度分だけ増えた速度）を足した場所に移動させる」という処理をして、時々刻々の位置(x,y)を格納した配列を返す、という処理[注6]を行います。20〜22行では、床・壁・ゴールに対するボール処理を呼んでいますが、今の時点で

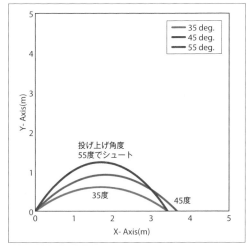

▼図4　ボールを35度、45度、55度で投げた場合の計算結果

は「何もしない」空処理になっています。後で、この関数に追加処理を書き入れます。また、prepareFigureArea()は、ボールの軌跡を描く描画関数です。

このコードを実行すると、ボールを投げる角度違い（35度、45度、55度）の3投を行った結果が表示されます（図4）。まだ「バスケのフリースロー」には見えない状態ですが、「なるほど！投げる角度が低すぎても高すぎても、ボールは遠くに飛ばなくて、45度あたりが一番遠くへ飛ぶのか！」と気づかれるかもしれません。実は、空気抵抗を無視すると[注7]、投げる角度は45度にするのが、モノを一番遠くに飛ばすことができます。そんなことが、このシミュレーションから目に見えるようになるのです。「実に面白い」ですね。

≫≫ 床や板を配置して「ぶつかり」「ゴール」処理を書いてみよう

次は、ゴール・ゴール裏板・床を作ってみます。10cm四方の刻みで微小領域を作り、50×50＝5m四方の領域を考えます。そして、2次元配列objを

注6）　速度・加速度ともに、「次の時刻における量＝元の量＋（単位時間あたりの）変化量×次の時刻までの時間」という式で計算していきます。紙面都合でコード行数を短くする都合上、速度の計算式がわかりにくくなっているので、リスト1に説明を書き入れました。

注7）　今回のPythonコードでは、空気抵抗を無視していますが、「速度に応じた大きさの抵抗力を受ける（＝進行方向に対してマイナスの加速度を受ける）という処理」を数行追加するだけで、空気抵抗を踏まえたボール軌道計算をすることもできます。

用意して、各微小領域に何があるかを表すフラグ値を格納します。そして、各微小領域に「何があるか」を表示できるように、prepareFigureArea()を書き換えます。

　この状態で**リスト2**を実行すると、**図5**(a)が表示されます。まだ、「ぶつかり」処理を書いていないので、ボールがゴール板をすり抜ける「超常現象」が発生しています。

　そこで、**リスト3**のようにinteraction()関数を書き換えてみます。ボールが移動する次位置(微小領域)に「何があるか」を調べ、床や板ならば、鉛直＝上下(y)方向や水平＝左右(x)方向に、跳ね返りをさせます。「跳ね返り」というのは、「ぶつかる相手に対し、速度が反転する」ということです。そこで、「床にぶつかっていたら、速度を上下に反転させる」「ゴール板にぶつかっていたら、速度を左右に反転させる」という処理を入れてみます。すると、**図5**(b)のように、「投げたボールが、床や壁にに当たると、跳ね返る」ようになります。

　ただし、このままでは、まだ跳ね返り方が不自然です。なぜかというと、身

▼リスト2　床・ゴール・ゴール裏板表示を追加する

```
1 import numpy
2 nx = 50  # 10cm刻みでX,Yに50分割し、10cm×50=5m
3 ny = 50  # の領域を確保する
4 xa = numpy.linspace(0, 5, nx)
5 ya = numpy.linspace(0, 5, ny)
6 X, Y = numpy.meshgrid(xa, ya)  # x,yの「平面座標メッシュ」を作る
7 # xyの位置で表される空間に何があるかを、配列として格納しておく
8 obj = numpy.zeros((ny, nx))  # 最初は「空気=0」で埋める
9 obj[0:1,0:49] = 1  # 床は、フラグ値1とする
10 obj[28:42,45:46] = 2  # ゴール裏板は、フラグ値2とする
11 obj[30:31,42-2:42+2] = 3  #ゴール領域は、フラグ値3とする
12
13 # ゴールや壁や床を描くよう、描画関数を変更する
14 def prepareFigureArea():
15     plt.figure(figsize=(5,5))
16     plt.xlim([0,5]); plt.ylim([0,5])
17     plt.xlabel('X - Axis (m)'); plt.ylabel('Y - Axis (m)')
18     plt.contourf(X, Y, obj, alpha=0.2)  # フラグ値を表示する
19     plt.tick_params()
20     return
21 x,y,isSuccess = throw(0.2,2,8,65,1500,0.01)
22 x2,y2,isSuccess2 = throw(0.2,2,12,34,1500,0.01)
23 prepareFigureArea()
35 plt.plot(x, y, 'bo-', x2, y2, 'ro-')
```

▼リスト3 ボールの跳ね返りやゴール処理を追加する

```
 1 r = 1.0 # 反射する時の「跳ね返り(反発)係数」
 2
 3 def interaction(x,y,vx,vy,ax,ay,dt):
 4     isPassing = False #ぶつかったか?フラグを「ぶつかっていない」にしておく
 5     # ボールの位置が計算領域外なら、ぶつかり・ゴール処理はしない
 6     if y < 0 or 4.9 < y or x < 0.1 or 4.9 < x:
 7         return (isPassing,x,y,vx,vy)
 8     # ボールが移動する次位置(領域)に「何があるか」を調べる
 9     objAtNextPos = obj[round(y*10), round(x*10)]
10     if 1 == objAtNextPos or 2 == objAtNextPos: # 床・ゴール板なら
11         x = x-(vx-ax*dt/2)*dt # 板や床にめりこんだ状態にならないように
12         y = y-(vy-ay*dt/2)*dt # 位置を「前の瞬間」の位置に戻す
13         if 1 == objAtNextPos: # 床なら
14             vy = -vy*r # 鉛直方向で跳ね返らせる(方向を反転させる)
15         elif 2 == objAtNextPos: # ゴール裏板なら
16             vx = -vx*r # 水平方向で跳ね返らせる(方向を反転させる)
17     elif 3 == objAtNextPos and vy < 0: # ゴールに下向き突入していたら
18         isPassing = True # ゴール追加のフラグをTrueとする
19     return (isPassing,x,y,vx,vy)
20 x,y,isSuccess = throw(0.2,2,8,65,1500,0.01)
21 x2,y2,isSuccess2 = throw(0.2,2,12,34,1500,0.01)
22 prepareFigureArea()
23 plt.plot(x, y, 'bo-', x2, y2, 'ro-')
```

の周りにあるような物体が、何かにぶつかり「跳ね返る」ときには、向きが変わるだけでなくて、速さが少し遅くなるからです。その速さが遅くなる度合いを「跳ね返り(反発)係数」と呼び、リスト3では跳ね返り係数r=1.0(速度が変わらない)としています。そのため、「跳ね返り過ぎて、自然じゃない」結果になってしまっているのです。

そこで、跳ね返り係数rを、バスケットボールの公式ルールで決められたボール規格(約0.8)にしてコードを再実行すると、図5(c)のように「バスケのボールらしい動き」が再現されるようになります。

なお、リスト3の17～18行目では、「ゴールに向かって下向きにボールが入ったら、ゴールしたことを示すフラグをTrueにする」処理が加えられています。これで、ゴール判定もできるようになりました。

≫≫≫ 「物理エンジン」で、フリースローの最適条件を考えよう

バスケのフリースローで、投げ方に応じた「ボールの動き」「ゴールが成功するか否か」を計算するコードができたので、この物理計算エンジンを使って「バ

▼図5 「床・ゴール・ゴール裏板」を追加し、跳ね返り処理やゴール処理を実装する

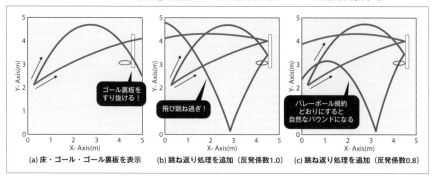

(a) 床・ゴール・ゴール裏板を表示　(b) 跳ね返り処理を追加（反発係数1.0）　(c) 跳ね返り処理を追加（反発係数0.8）

▼リスト4　角度と速度を変えてボールを投げてゴールするか確認する

```
 1 r = 0.8
 2 angleRange = numpy.linspace(30, 70, 400) # 角度振り条件
 3    velocityRange = numpy.linspace(5, 15, 400)  # 速度振り条件
 4 Xa,Yv = numpy.meshgrid(angleRange,velocityRange)
 5 areSuccess = [] # 角度・速度の各条件で成功するか格納する2次元配列
 6 for v in velocityRange: # 角度条件ループ
 7    a = []; for angle in angleRange: # 速度条件ループ
 8        x,y,isSuccess = throw(0.2,2,v,angle,500,0.01)  # 投げる
 9        a.append( isSuccess )
10    areSuccess.append(a) # 上行と合わせ、成功したかを2次元的に格納
11 fig = plt.figure(figsize=(5,5)) # 結果を描く
12 plt.contourf(Xa,Yv,areSuccess,alpha=1.0)
13 plt.xlabel('Throw Angle(deg)'); plt.ylabel('Throw velocity(m/s)');
```

スケ・フリースローの科学」を調べてみることにしましょう。

　まずは、ボールを投げる角度や速度を変えながら「フリースロー」を行って、「ゴールしたかどうか」を表示するコード（リスト4）を書いてみます。このコードは、「ゴールしたら赤色、シュートに失敗したら青色」で、投げる角度や速度に応じた「投げる条件」箇所を色づけした、ゴール成功条件をマップ化して表示します。

　ボールを放す位置が高い（高さ2m）場合と、ボールを低い位置からシュートする（高さ1.5m）場合の結果を眺めてみると、高い位置から投げた方が成功する確率が高い（成功する条件が多い）ことがわかります（図6）。つまり、バスケのフリースローは「高身長」が有利だとシミュレーション計算でわかるわけです。

　また、ゴールが成功したボールのコースだけを描く（リスト5）を書いてみる

147

▼図6 「ボールを投げる角度 v.s. 速度」のゴール成功マップ

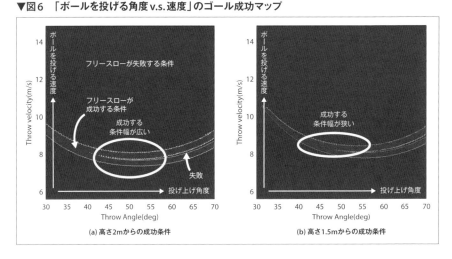

(a) 高さ2mからの成功条件　　(b) 高さ1.5mからの成功条件

と、「ゴールに直接入る場合」と「ゴール裏板で跳ね返って入る場合」が確認できます。その中間の、ゴールの付け根にボールが当たってしまう条件では、ゴールは成功していません。ゴールの付け根に当たる「失敗条件」は、「ボールを投げる角度 v.s. 投げる速度」のゴール成功条件マップを眺めれば、「ゴールが成功するあたりの真ん中に、ゴールが失敗する谷間」があることでも確認することができます（図7）。

こうした解析をすることで、「選手の身長や腕力に応じた、成功率の高い最適シュートコース」を見つけ出したりすることができるかもしれません。

▼図7　高さ2mからの「成功ゴールのコース」

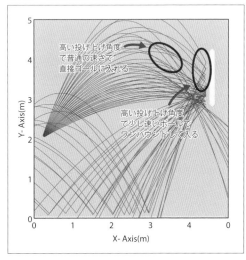

▼リスト5　角度と速度を変えてボールを投げてゴールしたボールコースを描いてみる

```
1 angleRange = numpy.linspace(30, 70, 20) # 角度振り条件
2 velocityRange = numpy.linspace(5, 15, 30) # 速度振り条件
3 Xa,Yv = numpy.meshgrid(angleRange,velocityRange)
4 prepareFigureArea()
5 for v in velocityRange: # 速度ループ
6     for angle in angleRange: # 角度ループ
7         x,y,isSuccess = throw(0.2,2,v,angle,500,0.01)
8         if isSuccess: # 上行でボールを投げて、成功したら描く
9             plt.plot(x, y, 'b-')
```

≫ なるほど、実に面白い。

　世界を方程式で表して「何が起きるか」を計算・表示するコード……言葉だけ眺めると「さっぱりわからない」難しいものにも思えます。けれど、本当は「簡単なのにとても楽しい」ものです。ドラマ『ガリレオ』湯川学教授のように、こう感じる人も多いはず。
──「なるほど、実に面白い」

プレート境界で揺れ動く 日本列島を可視化する
PythonでGEONETのGPS測位情報を分析してみよう

地球内部の対流がプレートや日本列島を動かしている！

　地球の内部は、地表にかなり近いあたりまで、実は流れ動いています。そして、地球内部にある流れの影響で、地表近くの岩盤、地球を覆う十数枚程度の岩盤（プレート）も動かされ続けています。その結果、年数センチメートル程度の速さで、地球の表面はさまざまな方向に動いているのです（図1）。

　プレート同士がぶつかりあう場所の1つ、それがまさに日本列島が浮かぶ地域です。そのため、日本列島では地震が頻繁に起きたり、火山の活動が盛んになったりします。

　今回は、国土地理院が公開している全国約1,300ヶ所の電子基準点に対する高精度測量結果を使い、日本列島の動きや地震発生状況などを解析して眺めてみることにします。

▼図1　地球表面を覆うプレートとその動き（https://commons.wikimedia.org/wiki/File:Plates_tect2_ja.svgAC）

日本の地殻変動を監視するGEONETデータを解析する

　GEONET（GNSS連続観測システム）は、GPS[注1]を用いた相対測位により、日本全国に設置された電子基準点の位置を、常に計測し続ける観測システムです。国土地理院は、GEONETの観測データや解析結果を「電子基準点データ提供サー

注1）　Global Positioning System（全地球測位システム）、複数の人工衛星から送られる電波を受信することで、空間位置を計測するシステム。

▼図2 国土地理院のGEONET電子基準点情報を解析・表示するPythonコード（前半）

```
# 指定ディレクトリ内の各基準点の位置推移を (posファイルから) 読み込む
posFiles = glob.glob( '/Users/jun/Downloads/gps/2019/*.pos' ) # 期間分の基準点
sites = []; days = None  # 各基準点の位置推移をリスト sites に読み込む
for posFile in posFiles:  # 各基準点の位置 (pos) ファイルをそれぞれ読む
    file = open( posFile, encoding="utf-8", errors='ignore' )
    lines = file.readlines(); xyzs = []  # 各基準点位置をリスト (xyzs) に格納する
    for line in lines:  # 各行を読み込む
        words = line.split()
        if len( words ) == 10:  # データ行は10列→読み込む
            xyzs.append( list( map( float, words[4:7] ) ) )  # 地心直交座標系のXYZ位置
    file.close()  # 読み込みを終了し、ファイルを閉じる
    if days is None:  # 一番最初の基準点は自動登録
        days = len( xyzs ); sites.append( xyzs )
    else:  # データロスが無い電子基準点をリストに追加
        if len( xyzs ) == days:  # 最初のsiteの数を基準とする
            sites.append( xyzs )

# 初期XYZ位置と最終XYZ位置を算出
xyzs_ini = np.array( [ np.array( site[0][0:3] ) for site in sites ] )  # 最初の位置
xyzs_last = np.array( [ np.array( site[-1][0:3] ) for site in sites ] )  # 最後の位置

# 移動ベクトルを算出 (各基準点の一最初の位置を原点とした一最終位置)
vecXyz = np.array( [ 10000000.0*( xyzs_last[ i ]-xyzs_ini[ i ] ) for i in range( len( sites ) )] )
colors = [ np.linalg.norm( v, ord=2 )/500000 for v in vecXyz ]  # 距離にする
c = [ np.clip( c, 0, 1 ) for c in colors ]
c = [ [ 0, 0, 0, c ] for c in c ]
ax.quiver( xyzs_ini[ :, 0 ], xyzs_ini[ :, 1 ], xyzs_ini[ :, 2 ], # 3次元ベクトルとして表示
           vecXyz[ :, 0 ], vecXyz[ :, 1 ], vecXyz[ :, 2 ], color=c, linewidths=2 )
```

FTPでダウンロードしたGEONETの全.posファイルを読み込む

基準点によっては、測位ができていない日もあるので、最初に読み込んだ基準点の測定日数を基準に、データロスがある基準点は読み飛ばす

各基準点の元旦基準の最新日までの移動ベクトルと距離を解析

ビス」注2で公開しています。データ提供ページでユーザ登録すれば、全国の電子基準点で観測されたデータや全点の測位結果を、Webインターフェース経由で、ダウンロードしたり、あるいは、FTPでダウンロードしたりすることができるようになります。

そこで、まずはユーザ登録を行い、2019年分の全電子基準点における毎日の測位結果をFTPでダウンロードしてみます。具体的には、各基準点ごとに、毎日の測位結果を並べたデータは.posという拡張子のファイルで格納されているので、2019年分の全.posファイル注3をダウンロードしてみます。

ダウンロードした各基準点のposファイルを読み込んで、各点の三次元位置注4や (2019年1月1日を基準とした) 変位の情報を解析・表示するPythonコード注5が図2です。このコードを実行すると、図3の (a) や (b) のような結果が得られます。これらの結果例を見ると、東北地方太平洋沖地震以降続いている「東北地域の東方向へ大きな動き」が一目瞭然にわかります。そして、日本列島

注2）🔗 http://terras.gsi.go.jp
注3）🔗 ftp://terras.gsi.go.jp/data/coordinates_R3/2019
注4）地球の中心に原点があるＸＹＺ空間、地心直交座標系で処理します。
注5）コードは本書のサポートページを参照。geopython4SDディレクトリにあります。

▼図3 国土地理院のGEONET情報とWolfram経由の地震情報から、日本列島の動きを可視化した結果

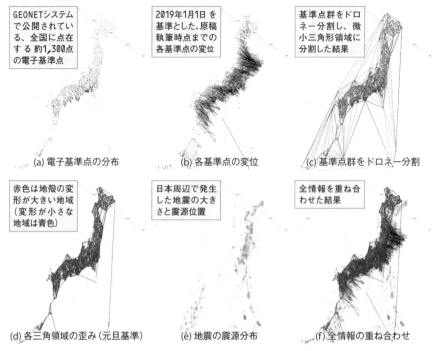

GEONETシステムで公開されている、全国に点在する 約1,300点の電子基準点

2019年1月1日を基準とした、原稿執筆時点までの各基準点の変位

基準点群をドロネー分割し、微小三角形領域に分割した結果

(a) 電子基準点の分布　　　　(b) 各基準点の変位　　　　(c) 基準点群をドロネー分割

赤色は地殻の変形が大きい地域（変形が小さな地域は青色）

日本周辺で発生した地震の大きさと震源位置

全情報を重ね合わせた結果

(d) 各三角領域の歪み（元旦基準）　　(e) 地震の震源分布　　(f) 全情報の重ね合わせ

が動く、そのさまに驚かされるはずです。

≫≫ 地殻に生じる「変形の大きさ（歪み）」も眺めよう

　地面の動きを知りたい、つまりは地殻変動を計りたいと考える大きな理由が、地震の被害を減らしたいという願いでしょう。

　プレート境界で地震が起きやすい原因は、違う方向に動くプレートのはざまで力（プレッシャー）を受けて変形し続ける地殻が「もうこれ以上の変形に耐えられない！」と破壊にいたってしまうからです。もしも、地殻が受けている「プレッシャー」を把握できたなら、いつか生じるだろう地震に対する事前準備がしやすくなるかもしれません。そこで、地面の変形の大きさ（歪み）を簡易的に解析するPythonコードが図4です。このコードは、全国にある電子基準点群間を、三角形の微小領域に分割した上で、各三角領域が「どれくらい押しつぶされた

▼図4　基準点群をドロネー分割し、各領域の歪みを解析・表示するPythonコード

```
# XXX度壊のみ使いドロネー分割する
xys = [ site[0][0:2] for site in sites ]  # 各観測点の緯度経度情報等でのxy座標を格納
tri = Delaunay( xys )  # ドロネー面を作成し、基準点領域(辺)を作成する

def strain_view( ax, xyzs_init, xyzs_last, tri ):
    for tr in tri.simplices:
        area_init = np.linalg.norm( np.outer(  # 初期の三角形面積を外積で計算
            xyzs_ini[ tr[0] ] - xyzs_ini[ tr[1] ],
            xyzs_ini[ tr[2] ] - xyzs_ini[ tr[1] ] ) ) / 2
        area_last = np.linalg.norm( np.outer(  # 最新の三角形面積を外積で計算
            xyzs_last[ tr[0] ] - xyzs_last[ tr[1] ],
            xyzs_last[ tr[2] ] - xyzs_last[ tr[1] ] ) ) / 2
        strain = area_last/area_init  # 面積の比を歪みとして簡易的に計算
        pts = xyzs_init[ tr, : ]
        c = ( np.clip( 5000000*abs(strain - 1.0), 0, 1), 0,  # 歪みの大小で赤色/青色
            np.clip( 1-5000000*abs(strain - 1.0), 0, 1), 0.2 )  # を決定する
        if area_init < 3000000000:
            ax.plot3D( pts[ 0, 1], 0], pts[ 0, 1], 1 ], pts[ 0, 1], 2 ], color=c, lw='10' )
            ax.plot3D( pts[ 1, 2], 0], pts[ 1, 2], 1 ], pts[ 1, 2], 2 ], color=c, lw='10' )
            ax.plot3D( pts[ 2, 0], 0], pts[ 2, 0], 1 ], pts[ 2, 0], 2 ], color=c, lw='10' )
    ax.scatter( xyzs_init[ :, 0 ], xyzs_init[ :, 1 ], xyzs_init[ :, 2 ],
        color=(0,0,0,1), s=50 )
# 全ての基準点座標を歪み解析・表示
strain_view( ax, xyzs_ini, xyzs_last, tri )  # ←上で宣言した(簡易)歪み解析・表示関数を呼ぶ
```

基準点を、面状のドロネー分割を行うことで、微小な三角領域群に分割する

各三角領域に対して、元旦時点と最新日時点の面積の比を計算し、それを(簡易的に)「歪み≒どんな変形が生じたか」として、表示するための関数

▼図5　日本列島周辺の地震の大きさや震源分布情報を取得するMathematicaコード

```
earthquake = {#[["Magnitude"]]/6, #[["Position"]], #[["Depth"]]} & /@
    Values@EarthquakeData[
    Rectangle[{137 - 10, 35 - 10}, {137 + 10, 35 + 10}], 5];  # 地震情報をWolframから取得する
earthquake = DeleteMissing[earthquake, 1, Infinity];  # 不足情報があるデータは削除
data = Flatten@({(GeoPositionXYZ@#[[2]])[[1]] - {0, 0, 1000*#[[3]][[1]]}
    , #[[1]]}) & /@ (earthquake);  # 生成された地震情報をCSVファイルに
Export["/Users/jun/Downloads/eq.csv", data]  # ←保存する(各行は、地心直交座標系の X,Y,Z,に地震の大きさが並んでいる)
img = Image@GeoGraphics[  # ←生成された地震情報から、位置(#1)とマグニチュード(#2)を
    {Hue[#1], Opacity[0.3], PointSize[0.02 #1], Point[#2]} 使って、図示をする
    & /@@ earthquake,
    GeoRange -> {{35 - 10, 35 + 10}, {137 - 10, 137 + 10}}]
```

り・引き延ばされているか」を解析して表示します。このコードを実行すると、図3の (c) (d) のような、全国に配置された基準点で区切られた各地域や、それぞれの地域での変形の大きさ(歪み)が、大きい(赤色)か小さいか(青色)といったような色で表わされ、地殻が受けているストレスを確認することができます。

日本列島周辺の地震発生状況も重ね合わせてみよう

　日本列島のまわりの地殻のストレスを可視化したら、さらに地震の発生状況も重ねて眺めてみたくなります。……そこで、『災害から犯罪情報までが見える「電

▼図6 WOLFRAM MATHEMATICA で CSV ファイルとして保存した地震情報を、読み込み・表示する

```
# 地震の発生状況も重ねて描画する
reader = csv.reader( open("/Users/jun/Downloads/eq.csv", "r") )
eqs = np.array( [ [ float(word) for word in line ] for line in reader ] )
ax.scatter( eqs[ :, 0 ], eqs[ :, 1 ], eqs[ :, 2 ], color=( 0, 0.5, 0.2, 0.1), s=500.0 * eqs[ :, 3 ] )
```

　脳メガネ』』と同様に、ラズパイ＋MATHEMATICA を使って、日本列島周辺の
地震発生状況に関するデータを手に入れてみます。

　図5が、日本列島周辺で起きた地震の大きさや震源位置をCSVファイルと
して保存したり、確認のための図示をするWOLFRAM言語（MATHEMATICA）
コードです。そして、ラズパイ＋WOLFRAM言語コードで生成した、地震情
報CSVファイルを読み込んで、国土地理院のGEONET解析データと合わせて
表示するPythonコードが図6です。

　このPythonコードを走らせると、図3の(a)や(b)あるいは図7といった結
果例が表示され、日本列島の動きや歪み、さらには地震の発生状況との関係を
確認することができます。

≫≫ 意味ある地震予知は、今は実現困難でも……

　地殻の歪みと地震発生状況を眺めることはできても、誰もが欲しいはずの「地
震予知」は不可能に近く難しいものです。

　そんなことを痛感したのは、地震予知を目的とした地殻変動計測研究をして
いた学生生活を終えた後。学生時代、神戸で開催された地殻変動や地震予知
に関する国際学会の下働きをしました。そして、そのわずか2年後、その学会
が開催された場所で阪神・淡路大震災が起きたのです。

　地球の地殻がいつどこで破壊してしまうのか、それを予測することは、科学
原理的・市場原理的に難しいものです。そんな限界はあるにしても、今回のよ
うな解析をしてみることも、少し興味深いのではないでしょうか。

▼図7 すべての情報を重ね合わせた結果（および関東～東北地域の拡大図）

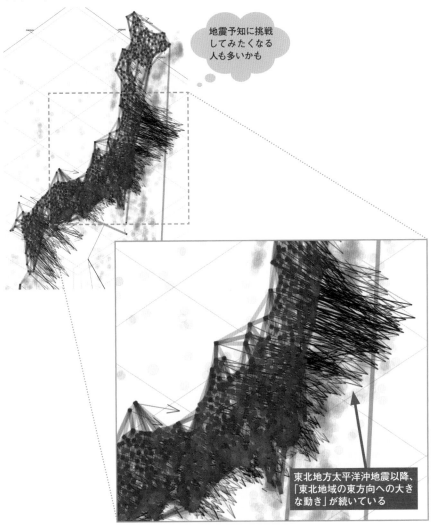

第 **8** 章

数学と分析の研究

手回し計算機で
「円周率計算」に大挑戦

8-1

Googleと手回し計算機で決闘だ！ 目指せ円周率……全3桁!?

≫ リサイクルショップで見つけた「謎の機械（千五百円）」

　散歩帰りにリサイクルショップに立ち寄ると、商品棚の一番下、床に近い目立たない場所に、「千五百円」という値札シールが貼られたアンティークな機械が置いてありました。ガラクタとかジャンク品とかが大好きなので、安い値段にも後押しされて、「謎の機械」を買ってみました（図1）。

　機械に貼られた銘板や製造プレートを確認すると、日本計算器（NCM：NIPPON CALCULATING MACHINE CO.,LTD）のSM-21型機械式計算器[注1]だとわかります。当時の日本では、製造会社によらずタイガー計算器と呼ばれていた、いわゆる手回し計算器の1つです。日本計算器のSM-21は1956年（昭和31年）に発売されたモデルで、「手回し式計算器の決定版として飛躍的な売り上げを実現した」という大ヒット商品でした。

　私が買った手回し計算器が、リサイクルショップにたどり着いた経緯はわかりません。裏に貼られたシール（図2）から想像すると、日本専売公社（現在のJT：日本たばこ産業株式会社）

▼図1　日本計算器SM-21 機械式計算器

▼図2　裏の製造プレートと貼られていたシール

注1） URL http://www.dentaku-museum.com/hc/computer/mechanical/sm21/sm21-ex.html

の平塚製造試験場で、たばこの製造技術開発のために使われていたのでしょうか。

》》》 手回し計算器で四則演算してみよう!

　日本で製造・販売された大多数の手回し計算器は、オドナー型計算器と呼ばれる出入り歯車式計算器[注2]で、使い方はどの機種でもほぼ同じです(**図3**)。

　使い方の基本は、「タイガー手廻計算器使用法」[注3]に書かれているとおり、上部中央の「置数レバー」に数値をセットして、右のクランクハンドルを時計回りに回すと、置数レバーにセットされた値が右下の右ダイヤル(結果レジスター)に「足され」、クランクハンドルを反時計回りに回せば、置数レバーにセットされた値が右ダイヤル値から「引かれ」ていく、というもの[注4]です(**図4**)。

　足し算ができれば、足し算をN回繰り返すことで(つまり、ハンドルを時計回り方向にN回廻すことで)、×Nの掛け算もできます。ちなみに、ハンドルを回した回数は、左下の左ダイヤル(回転数レジスター)に表示されます。

　足し算・掛け算の関係と同様に、引き算を使って除算を行うこともできます。具体的には、右ダイヤルに被除数を設定したうえで、除数を置数レバーにセットして、引き算を続けると(クランクハンドルを反時計回りに回し続ければ)、右ダイヤル(結果レジスタ)が0を下回った瞬間(000…000を下回り999…999

注2)　ボールドイン型計算器、あるいは、ブルンスビガ計算器とも呼ばれたりします。
注3)　**URL** http://www.tiger-inc.co.jp/temawashi/torisetu.html
注4)　**URL** http://museum.ipsj.or.jp/guide/pdf/magazine/IPSJ-MGN501118.pdf

▼図3　手回し計算器「日本計算器SM-21」の使い方

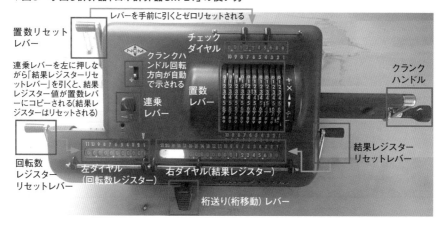

▼図4 四則演算の計算方法や（キャリッジ移動による）クランクハンドル回転数の減少方法

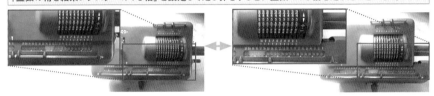

キャリッジを移動して、置数と結果レジスターの桁対応関係は自由に、刻々変えることができる（たとえば、「置数の桁を結果レジスターの10倍」と設定して足し算をすると、置数の10倍を足したことになる）

となった瞬間）にチン！と音が鳴ります。その音を聞いたら、ハンドルを時計回りに戻して1回りさせると、もう1回チン！と音が再度鳴って、「除算が終了した」ことがわかるのです。そのとき左ダイヤル（回転数レジスター）に表示されている値＝被除数から除数を引き続けられる回数が、「整数除算をした結果＝商」だと計算されるしくみです。

Webブラウザ上で、手回し計算器を動かすことができる「タイガー手廻し計算器（タイガー計算器）シミュレータ」注5もあるので、動かして遊んでみると、面白いと思います。

≫≫ 円周率をウォリス（Wallis）の公式で計算してみる!

手回し計算器で単純な四則演算をするだけでも、メカニカルでノスタルジックな動きを眺めることができて、十分魅力的で楽しいものです。しかし、もう少し計算器らしい使い方もしてみたくなります。

PCがWindows 95とともに広まった頃、「円周率を計算する速さ」によるCPU処理能力のベンチマーク評価注6がよく行われたものです。また、2019年

注5）　**URL** https://kouyama.sci.u-toyama.ac.jp/main/computer/personal/tiger/tiger2.htm
注6）　円周率ベンチマークソフトのスーパーπが公開されたもの1995年9月でした。

の3月14日には、Google
のエンジニアがGoogle
Cloudを使って円周率を
約31.4兆桁まで計算し、
これまでの世界記録(22.4

▼図5 ウォリス (Wallis) の公式

$$\pi = 2 \times \prod_{n=1}^{\infty} \frac{(2n)^2}{(2n-1)(2n+1)} = 2 \times \prod_{n=1}^{\infty} \frac{(2n)^2}{(2n)^2-1}$$

$\prod_{n=1}^{\infty}$ は乗積(すべてを掛け合わせた積)を表す

兆桁)を大きく更新したというニュースもありました。

　そこで、手回し計算機で円周率を計算してみたいと思います。アプローチとしては「円周率の分数近似式[注7]ではなくて、原理的には円周率を無限桁まで(原理的には)算出できる式を使い、手回し計算器の能力(計算桁数)と操作者の気力と体力が続く範囲で頑張る」というものです。この方針のもと、円周率算出に使う式はウォリス (Wallis) の公式、円周率を乗積で示す美しい表現です(図5)。

　ウォリスの公式を、手回し計算器SM-21で計算するために、さらに変形したのが図6です。事前に(乗積で使う)乗数を用意しておいて(図7)、その後、SM-21の連続乗算機能を使って乗積を計算していくという流れです(図8)。

≫ 手回し計算を続けると……528回目のターンで3.14に出会う

　手回し計算機の計算プログラムに沿って延々作業を続けると、回数にして500回以上もの乗積過程を経ると、図9の結果が得られます。その結果は円周率とやっと3桁が一致する……3.14です。Google Cloud　Platformを使った約31.4兆桁には遠く及びませんが、手回し計算器で円周率を「まさに自分の力(筋

注7) たとえば、355/113なら整数部含めて7桁、99733/31746なら16桁まで円周率と一致する数値が計算できます。

▼図6 ウォリス (Wallis) の公式を手回し計算器用に変形

乗数準備ターン	$n = 1, 2, 3, 4, 5, 6, 7 ...$ $a_n = 2, 4, 6, 8, 10, 12, 14 ... (2n)$	このくらいは操作者が、暗算＋メモ書きで処理できる。2ずつ増えるa_nを、作業したことを忘れないように、メモ書きしておけばOK
	$b_n = 4, 16, 36, 64, 100, 144, 196 ... (a_n = 2n)^2$ $c_n = \dfrac{b_n}{b_n - 1}$	$a_n \times a_n$を計算した結果の積b_nを(ここは暗算)、$b_n - 1$で除した商のc_nをメモ書きしておく
乗積ターン	$\pi = 2 \times \displaystyle\prod_{n=1}^{\infty} c_n$ ……	手回し計算機SM-21の「連続乗算機能」を使い、前もって作ったc_nを使い、乗積計算を続ける

▼図7 手回し計算器による「乗数準備ターン」の計算方法(各$b_n = (a_n = 2_n)^2$と、それに応じた $c_n = \dfrac{b_n}{b_n - 1}$ を計算する手順)

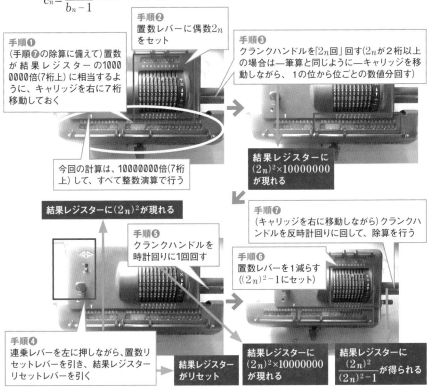

手順❷
置数レバーに偶数2_nをセット

手順❶
(手順❼の除算に備えて)置数が結果レジスターの1000 0000倍(7桁上)に相当するように、キャリッジを右に7桁移動しておく

今回の計算は、10000000倍(7桁上)して、すべて整数演算で行う

手順❸
クランクハンドルを「2_n回」回す(2_nが2桁以上の場合は一筆算と同じように一キャリッジを移動しながら、1の位から位ごとの数値分回す)

結果レジスターに $(2_n)^2 \times 10000000$ が現れる

結果レジスターに$(2_n)^2$が現れる

手順❺
クランクハンドルを時計回りに1回回す

手順❼
(キャリッジを右に移動しながら)クランクハンドルを反時計回りに回して、除算を行う

手順❻
置数レバーを1減らす ($(2_n)^2-1$にセット)

手順❹
連乗レバーを左に押しながら、置数リセットレバーを引き、結果レジスターリセットレバーを引く

結果レジスターがリセット

結果レジスターに $(2_n)^2 \times 10000000$ が現れる

結果レジスターに $\dfrac{(2_n)^2}{(2_n)^2-1}$ が得られる

肉)」で計算してみるのも楽しい[注8]と思います。

ちなみに、以上の「手回し計算機の計算過程」を模したPythonコード[注9]が、図10です。正しい値に収束していく速度は遅いものの、乗積の結果が円周率に漸近していく過程がわかります。

≫≫ その後、日本計算器販売会社はインテルと4004を作る!

手回し計算器のSM-21が販売されていた1950年代を経て、1960年代には電子式計算機が登場します。電子式計算機時代の1969年、かつてSM-21を販

注8) 手回し計算器による円周率計算で得られる(達成感と)疲労感は格別です。
注9) コードは本書のサポートページを参照。calculatingMachineディレクトリにあります。

▼図8 手回し計算器による「乗積ターン」の計算方法（$2 \times \prod_{n=1}^{\infty} \frac{(2n)^2}{(2n)^2 - 1}$ を計算する手順）

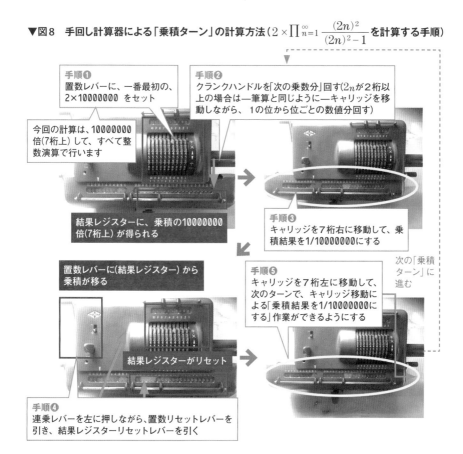

手順❶
置数レバーに、一番最初の、
2×10000000 をセット

今回の計算は、10000000
倍(7桁上)して、すべて整
数演算で行います

結果レジスターに、乗積の10000000
倍(7桁上)が得られる

手順❷
クランクハンドルを「次の乗数分」回す(2nが2桁以
上の場合は—筆算と同じように—キャリッジを移
動しながら、1の位から位ごとの数値分回す)

手順❸
キャリッジを7桁右に移動して、乗
積結果を1/10000000にする

次の「乗積
ターン」に
進む

置数レバーに(結果レジスター)から
乗積が移る

手順❺
キャリッジを7桁左に移動して、
次のターンで、キャリッジ移動に
よる「乗積結果を1/10000000に
する」作業ができるようにする

結果レジスターがリセット

手順❹
連乗レバーを左に押しながら、置数リセットレバーを
引き、結果レジスターリセットレバーを引く

売していた日本計算器販売株式会
社は、プログラム制御の電卓を計
画し、そのための計算チップを米
国の会社と共同開発することにな
ります。そのチップが搭載された
プリンタ付き電子式卓上計算機が
発売されたのは、1971年（図11）。
その前年、日本計算器販売は社名
をビジコン社と変更していました。
　……ビジコン社という名前で気

▼図9 手回し計算器とウォリス(Wallis)で得ら
れた「円周率」

づかれた人も多いかもしれません。日本計算器販売が開発したのはIntel 4004で、米国の共同開発社はインテルです。インテル初のマイクロプロセッサ Intel 4004 は、日本計算器販売が発注・共同開発したものでした。

4004開発の中心的人物でもあった日本計算器販売の嶋正利氏は、その後、Intel 8080 や ZILOG Z80 を開発し、1970〜1980のマイコンの歴史につながる流れが作られることになります。その流れは、今この瞬間にいたるインテルPC繁栄の源流ともなっています。

リサイクルショップに1,500円で転がっていた手回し計算機は、とてもノスタルジックな楽しい玩具。そんなレトロな機械が、今この瞬間に使うPCにまで確かにつながる歴史があることが、少し不思議で面白く感じます。

▼図10　手回し計算器で行った計算処理を模したPythonコード

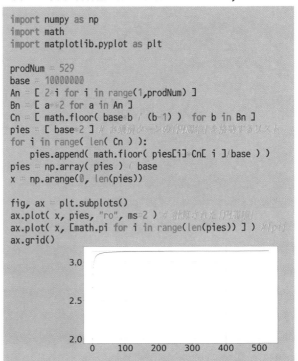

```python
import numpy as np
import math
import matplotlib.pyplot as plt

prodNum = 529
base = 10000000
An = [ 2*i for i in range(1,prodNum) ]
Bn = [ a**2 for a in An ]
Cn = [ math.floor( base*b / (b-1) ) for b in Bn ]
pies = [ base*2 ] # 計算済のパーンの円周率を格納するリスト
for i in range( len( Cn ) ):
    pies.append( math.floor( pies[i]*Cn[ i ]/base ) )
pies = np.array( pies ) / base
x = np.arange(0, len(pies))

fig, ax = plt.subplots()
ax.plot( x, pies, "ro", ms=2 ) # 計算された円周率列
ax.plot( x, [math.pi for i in range(len(pies)) ] ) #np
ax.grid()
```

▼図11　Intel 4004を搭載したビジコン 141-PF（1971年発売）

芸能人事務所申告の「身長・体重分布」を調べる

「タレントの真実」をPythonで明らかにしてみる

≫≫ 芸能人の身長は、平均より「高い」「低い」どっち？

　TV番組の収録現場に行くと（図1）、「この芸人さんはとても高身長だ！」と驚くこともあれば、「このアイドルは、テレビ画面では平均体型に見えたけれど、こんなにも小柄で細身だったのか！」と驚かされたりもします。そして、「芸能人の体型は、日本人平均とほぼ同じなのか？　それとも違うものか？」と疑問に感じたりします。舞台上で目立つ、つまり、舞台映えする俳優となるためには、高身長が有利でしょう。そうであるなら、芸能人であるためには「身長が高い」いうバイアスが存在していても、不自然ではありません。その逆に、アイドルとして人気が出るためには、童顔で幼く見える方が有利だというようなことがあってもおかしくありません。もしそうならば、アイドル活動をする芸能人には、「低身長バイアス」が掛かっていたりすることもあるかもしれません。

　そんな芸能人・タレントさんの身長に関する疑問を解決するために、TV番組や映画、あるいは舞台やイベントといった場所で活躍する、日本の芸能人に関する体型（身長・体重）情報をPythonで分析してみることにします。

≫≫ 芸能人の情報を網羅する「タレント名鑑」を買ってみる！

　日本で活動する芸能人情報を網羅的に掲載する情報源の1つが、「日本タレント名鑑（VIPタイムズ社）」という書籍です（図2）。芸能人（タレント）のブッキング用に創刊された本書には、膨大な数の芸能人に関する情報（名前・顔写真・プロフィールや所

▼図1　TV番組の手伝いキッカケ例（『信長もビックリ!?科学でツッコむ日本の歴史〜だから教科書にのらなかった〜』平林純（著）、集英社、ISBN:978-4-0878-0859-9）

属事務所など）が掲載されています。

購入して眺めてみると、身長・体重や生年月日といった体型解析に使うことができる情報が掲載されています。収録されている芸能人の数は、1

▼図2　『日本タレント名鑑（2019）』株式会社VIPタイムズ社、ISBN978-4-9046-7410-9

▼図3　日本タレント名鑑の各ページ「イメージ図」（実際の書面は、もちろん各人は異なっています）

ページあたり12人、トータル約1,000ページ……単純計算で1万人もの芸能人情報が詰まっている計算です（ページ内容をイメージ的に記載したものが**図3**）。すべての芸能人の身長・体重が記載されているわけではありませんが、少なくなり割合で、体型情報が書かれています。

日本タレント名鑑では、「男性の部」「女性の部」「子供の部」の3分類で、芸能人情報がまとめられています。子供の身長や体重は、まだまだ変化を続けていく成長過程でしょうから、今回調べる対象は「男性の部」と「女性の部」に掲載されている芸能人に絞ることにします。

⋙ 1,000ページ近くのPDFファイルから、芸能人情報を読み取る!

何百ページにも及び、数千人を超える芸能人情報を、手作業で解析するのは非現実的です。そこで、書籍を自炊してPDFファイルに変換したうえで、各芸能人の身長・体重（＋参考情報として生年月日）情報をPDFファイルから自動で認識して、読み取ってみましょう。

そのためのプログラム、「PDFファイルからのタレント情報自動認識Pythonプログラム」[注1]が、**図5**です。処理手順は、男性の部と女性の部に分けた各

注1）コードは本書のサポートページを参照。entertainerPropoition4SDディレクトリにあります。

PDFファイルに対して、

❶PDFファイルの各ページを
PPM画像群として保存
❷各ページのPPMファイルに
含まれる12人分の芸能人の
a.「生年月日・身長・体重」
が記載されている領域
（図4）の画像を抽出
b.抽出した画像に対してOCR（Optical Character Recognition/
Reader）処理で文字列を抽出
c.正規表現マッチで、生年月日・身長・体重を抽出して、
芸能人の身長や体重情報をリストとして格納する
❸さらに、芸能人の身長分布をヒストグラムとして描き
❹身長の分布は正規分布に近いことが期待される[注2]ので、正規分布でフィッティ
ングした近似分布を描き
❺平均体型と比べるために（成長が一段落してそうな）17歳の日本人平均身長
分布[注3]を比較用として描く

▼図4　各芸能人の記載レイアウト（イメージ図）

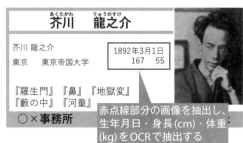

という処理を順に行います。

　処理❷の「画像から文字列を抽出するOCR処理」は、OCRエンジンである
Tesseract OCR[注4]を使って行います。

≫≫ 芸能人は「高身長」女性芸能人は「スレンダー」

　芸能人の身長を解析した結果を眺めると、日本人の17歳平均身長よりも約
3センチメートルほど高く、芸能人は「身長が若干高め」であることがわかりま
す（図6）。もちろん、17歳以降に身長が伸びることもありますから、「芸能人

注2）　体重は、正規分布ではなく、対数正規分布やガンマ分布に近い形になりますが、今回は体重も正規分布で
近似しています。
注3）　平成26年度の学校保健統計調査「身長の年齢別分布」と「体重の年齢別分布」：**URL** https://www.e-stat.
go.jp/stat-search/files?page=1&layout=datalist&toukei=00400002&tstat=000001011648&cycl
e=0&tclass1=000001070623&tclass2=000001070744
注4）　**URL** https://github.com/tesseract-ocr/tesseract）を pyocr（**URL** https://gitlab.gnome.org/World/
OpenPaperwork/pyocr）を介して使っています。

▼図5　各芸能人の身長・体重＋生年月日を読み取り、分布を描くPythonコード

```
# まず、PDFファイルを...
pdfFilePath = '/Users/jun/Downloads/men.pdf'
ppmFilePath = '/Users/jun/Downloads/ppmimages/'

import pdf2image as pdf
import PyPDF2 as pdf2

pdfFile = pdf2.PdfFileReader( pdfFilePath )
totalPage = pdfFile.getNumPages()
# 10ページずつ...処理する
for page in range( 0, totalPage-1, 10 ):
    pdf.convert_from_path(
        pdfFilePath, output_folder=ppmFilePath, dpi=300,
        first_page=page, last_page=min( page+10, totalPage )
    )
```

1.PDFファイルに対して各ページをPPM画像群として保存

PyPDF2のPDF読み取りは、指定した範囲を「一括処理」しようとするため、使用メモリ量削減のため、
・いったんPDFをPPM画像に変換
・変換処理は何回かに分ける
とする

```
# 各ページ... ファイルから...読み込み...
from PIL import Image
import numpy as np
import matplotlib.pyplot as plt
import cv2 as cv
import glob
import pyocr
import pyocr.builders
import re

# OCR toolの準備
tools = pyocr.get_available_tools()
if len( tools ) == 0:
    print("OCR tool is not available."); sys.exit(1)
tool = tools[0]
# PPMファイル...
persons = []
for filePath in glob.glob( ppmFilePath+'*.ppm' ):
    image = cv.imread( filePath )
    for y_idx in range( 6 ):
        for x_idx in range( 2 ):
            y = int( 442.29 + y_idx * 317.62); x = 880 + x_idx * 400
            py = slice( y, y+130 ); px = slice( x, x+340 )

            txt = tool.image_to_string(
                Image.fromarray( image[ py, px ] ), lang="jpn",
                builder=pyocr.builders.TextBuilder( tesseract_layout=6 ) )
            match = re.search( r"([0-9]{4})年([0-9]{1,2})月([0-9]{1,2})日.+?([0-9]{3})\s]]*?([0-9]+*)", txt, re.MULTILINE|re.DOTALL )
            if match:
                persons.append( { "height":match.group(4), "weight":match.group(5) } )
```

2.各ページのPPMファイルに含まれる12人分の芸能人に対する、生年月日・身長・体重の読み取りループ

OCR toolを作成

「ページ」ループ

「ページ内の12人」ループ
a.生年月日・身長・体重の記載領域（図4）の画像を抽出
b.抽出画像にOCR処理で文字列抽出
c.正規表現マッチで、生年月日・身長・体重を抽出

```
heights = []; weight = []
for person in persons:

    heights.append( int( person[ 'height' ] ) )
    if person[ 'weight' ]:
        weight.append( int( person[ 'weight' ] ) )

# ヒストグラム...
plt.figure( figsize=( 5, 5 ), dpi=100 )
fig, ax = plt.subplots( figsize=( 5, 5 ), dpi=100 )
plt.ylabel( 'person'); plt.xlabel( 'Height(cm)' )
plt.xlim( [150,200] )
ax.hist( heights, bins=51, range=( 149.5, 200.5 ),
         facecolor='green', alpha=0.75 )
ax.grid( True )
ax.set_xticks( np.linspace( 150, 200, 5+1 ), minor=True )
ax.set_xticks( np.linspace( 150, 200, 10+1 ), minor=False )
```

3.芸能人の身長分布をヒストグラムとして描く

```
# 芸能人の身長分布を...
from scipy.stats import norm
from scipy.optimize import curve_fit
```

4.芸能人の身長分布を正規分布により近似したうえで描画

```
def func(x, a, mu, sigma):
    return a*np.exp( -(x-mu)**2 / ( 2*sigma**2 ) )
```
⟩ 正規分布にフィッティングするために、
正規分布の関数を作成する

```
hist, bins = np.histogram(heights, 200-150, range=(150, 200))
bins = bins[:-1]
paramIni = [ 1, 170, 10 ]
popt, pcov = curve_fit( func, bins, hist, p0=paramIni )
print( popt[1] )
x = np.linspace(150, 200, 1000)
fitCurve = func( x, popt[0], popt[1], popt[2] )
plt.plot( x, fitCurve, 'r-' )
```
⟩ フィッティング用のデータを整形し直し、フィッティングを実行

⟩ フィッティングした正規分布の関数を描く

```
toukei = np.loadtxt( '/Users/jun/Downloads/h26_hoken_toukei_02.csv', delimiter=',' )
plt.plot( toukei[:,0], 2.7*toukei[:,1], 'b-' )
```

> 5. 17歳日本人の身長分布も描く（比較用）

は身長が高い」わけではない可能性もありますが、芸能活動を続けるためには、高身長の方が有利であっても不思議ではない気がします。

　一方、男女ともに同じ傾向だった身長とは違い、体重に関しては、男女で違う傾向です（図7）。男性芸能人は「17歳平均男性より高身長」ということに沿った、「17歳平均男性より体重が重い」という結果です。しかし、女性芸能人では、

▼図6　芸能人の身長分布

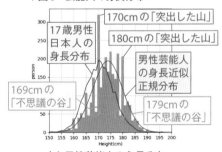

（a）男性芸能人の身長分布

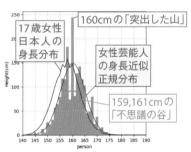

（b）女性芸能人の身長分布

▼図7　芸能人の体重分布

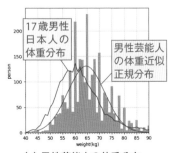

（a）男性芸能人の体重分布

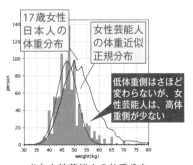

（b）女性芸能人の体重分布

平均体重より大幅に軽いという結果です。女性芸能人が「平均より高身長」であったことをふまえると、女性芸能人はスレンダー体型であるようです。女性の芸能活動は、痩せ型体型の方が有利なのでしょうか。

⟫⟫ 正規分布からの異常なズレは「身長詐称」の証拠!?

ところで、芸能人の身長や体重の分布は、なぜか滑らかさが欠け、不自然です。たとえば、男性芸能人の場合、約5千人もの標本数であるにもかかわらず、奇妙な偏りが存在しています。具体的には、170cmと180cmの身長が極端に多く、それらに対して1cm低い身長(169cm、179cm)が不思議なほど少なくなっています。……これは間違いなく、身長詐称の証拠でしょう。つまり、「少しでも身長を高いプロフィールにしたい。特に、170cm台とか、180cm台になるかどうかの瀬戸際では」という芸能人や芸能事務所が、かなりの割合で存在しているのでしょう。

ちなみに、女性芸能人の身長の場合には、160cmが突出して多くなっています。けれど、男性芸能人の場合と違い、「人数が多い身長の1つ下が少ない」というわけではなくて、その前後である159cmと161cmの両方が少なくなっています。ということは、「160cm台に見せたい」という理由とは違う、何か別の理由があるのでしょうか?

⟫⟫ 末尾の数字は「0、5、8が多い」法則が!?

体重については、男性芸能人はとてもバラツキが大きく、女性芸能人はかなり滑らか、という違いがあります。どちらにも当てはまる傾向として、数字の末尾は0、5、8が多いということです。心理的に「キリが良い」からか、数字を大きく見せたいからか(その逆に小さく見せたいのか)、あるいはまさかの「八は末広がりを連想させて縁起が良い」といった歴史理由なのか、どういう理由かはわかりませんが、数字末尾は「0、5、8が多い」法則があるようです。

芸能人の「自称体型」を多量に扱うと、そのプロフィールに隠された「作為」が明瞭に浮かび上がってきます。データサイエンスが大流行の今どきですが、プログラミングによる自動化やデータ分析の題材として、こんなワイドショー的な芸能界(タレント)分析はいかがでしょうか。

アイドルの公称数字を統計分析してみよう

アイドルの公称数字に「末尾"8"が多いナゾ」

≫ 女性アイドルの印象操作を調査する

芸能人の身長・体重プロフィールには、多少の細工がされています。たとえば、前回のような「ほんの少しだけ身長を高く見せる」といった操作です。身長詐称と言ってしまうと言い過ぎかもしれませんが、身長や体重を現実から書き換える、イメージ(印象)操作が行われています。そんなイメージ戦略が、女性アイドルでも行われているかを、プロポーション公称数字を題材に、調べてみます。

Python コード注1を書いて(図1)、(グラビア)アイドルのウェスト・サイズの

注1) コードは本書のサポートページを参照。entertainerPropotion4SDディレクトリにあります。

▼図1 アイドルのWサイズ分布を描画・正規分布近似するPythonコード

```python
import numpy as np
import matplotlib.pyplot as plt
from scipy.stats import norm
from scipy.optimize import curve_fit

def func(x, a, mu, sigma):
    return a*np.exp( -(x-mu)**2 / ( 2*sigma**2 ) )

data = values[:, 4].astype( float )
# 読み込んだ分布を描く
plt.figure( figsize=( 5, 5 ), dpi=100 )
fig, ax = plt.subplots( figsize=(5, 5), dpi=100 )
ax.grid( True )
plt.ylabel( 'person'); plt.xlabel( 'Waist(cm)' )
plt.xlim( [45, 75] )
ax.hist( data,  bins=75-45+1, range=( 44.5, 75.5 ),
             facecolor='green', alpha=0.75 )
# フィッティング
hist, bins = np.histogram( data, 75-45, range=(45, 75))
# フィッティング分布を描く
bins = bins[:-1]
paramIni = [ 1, 60, 10 ]
popt, pcov = curve_fit( func, bins, hist, p0=paramIni )
x = np.linspace(45, 75, 1000)
fitCurve = func( x, popt[0], popt[1], popt[2] )
plt.plot( x, fitCurve, 'r-' )
```

頻度分布を描いてみると（図2）、58cmに不自然な突出部があることに気づかされます。全体としては、正規分布的に整っているにもかかわらず、ウエストが58cmの人が極めて多く、その前後の57cmと59cmの人は妙に少ない結果となっています。58cmと57cmや59cmの間にどういった違いがあるのかはわかりませんが、何か自然でない分布です。

▼図2　アイドルのWサイズ分布

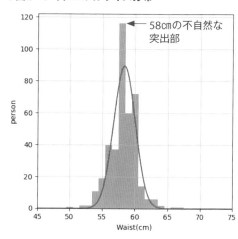

≫ Bプロフィールには、不自然な偏りが？

ウェスト・サイズと同じように、バスト・サイズに関しても、Pythonコードを書いて（図3）、その分布を眺めてみると（図4）、やはり自然でない形になっています。全体的には、正規分布に近い自然な分布であるにもかかわらず、80cm、88cm、95cm……といったキリが良い数字と、なぜか88cmという数

▼図3　Bサイズ分布を描画・近似するPythonコード

```python
data = values[:, 3].astype( float )

plt.figure( figsize=( 5, 5 ), dpi=100 )
fig, ax = plt.subplots( figsize=(5, 5), dpi=100 )
ax.grid( True )
plt.ylabel( 'person' ); plt.xlabel( 'Bust(cm)' )
plt.xlim( [70, 100] )
ax.hist( data, bins=100-70+1, range=( 69.5, 100.5 ),
         facecolor='green', alpha=0.75 )

hist, bins = np.histogram( data, 100-70, range=(70, 100))
bins = bins[:-1]
paramIni = [ 1, 80, 10 ]
popt, pcov = curve_fit( func, bins, hist, p0=paramIni )
x = np.linspace(70, 100, 1000)
fitCurve = func( x, popt[0], popt[1], popt[2] )
plt.plot( x, fitCurve, 'r-' )
```

字が特に、多いことがわかります。

　どんな数字でも、5cm刻みや10cm刻みといったように、大雑把に表現することも多いもの。80cmや90cmといった数字は「大雑把にキリ良くしたもの」なのかもしれません。けれど、88cmという数字が多いのはどういう理由なのでしょうか？

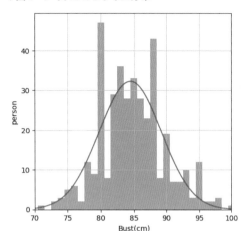
▼図4　アイドルのBサイズ分布

≫≫ Hプロフィールは、かなり自然な正規分布？

　最後はヒップ・サイズの分布も眺めてみましょう（Pythonコードは図5で、その結果が図6）。バストやウェストに比べると、とても自然な分布です。ここでもやはり88cmの人数が、少し多いようにも見えますが、大きな違和感を受けるほどではない気がします。

▼図5　Hサイズ分布を描画・近似するPythonコード

```
data = values[:, 5].astype( float )
# 読み込んだ分布を描画する
plt.figure( figsize( 5, 5 ), dpi=100 )
fig, ax = plt.subplots( figsize=(5,5), dpi=100 )
ax.grid( True )
plt.ylabel( 'person' ); plt.xlabel( 'Hip(cm)' )
plt.xlim( [70, 100] )
ax.hist( data.astype( float ), bins=100-70+1, range=( 70, 100 ),
         facecolor='green', alpha=0.75 )
# フィッティング
hist, bins = np.histogram( data, 100-70, range=(70, 100))
bins = bins[:-1]
paramIni = [ 1, 90, 10 ]
popt, pcov = curve_fit( func, bins, hist, p0=paramIni )
x = np.linspace(70, 100, 1000)
fitCurve = func( x, popt[0], popt[1], popt[2] )
plt.plot( x, fitCurve, 'r-' )
```

>>> 末尾が8は末広がりの八だから？

▼図6 アイドルのHサイズ分布

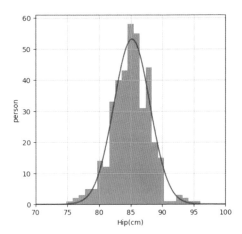

女性アイドルの体型情報を眺めてみると、前回と同じように「末尾が8となる数字」が多く登場していました。もしかしたら、縁起が良く・末広がりを示す「八」という数字だから……なのでしょうか。それとも、何か他の必然性があるのでしょうか? 末尾が8のこの「偏り」には何かの理由が隠れていそうです。一体どんな理由なのでしょうか?

Jupyter Notebook上で 大都市周辺の人流分析

街を歩き・電車に乗る……人々の動きを地図の上で可視化する

>>> **街を移動する人の動きをPython/Jupyter Notebookで 可視化する！**

　平日の朝、目覚めたばかりの寝ぼけた頭で部屋を出て、駅に向かってただ歩く。人が溢れるホームに立つと「逆方向に向かう人たち」が羨ましく、けれど自分は満員電車に押し込まれていく……そんな毎日を過ごす人も多いはず。

　駅のホームの反対側、街の通りを歩く人、あるいは、自分の部屋で眠る人……人々は毎日どんな生活をしているのでしょう？

　SNSで発信された情報や、交通経路情報から推定した「大まかな人の流れ」を、株式会社ナイトレイ・東京大学空間情報科学研究センター（CSIS）・マイクロジオデータ研究会が「疑似人流データ」として無料公開[注1] しています。この疑似人流データ向けには、データビジュアライズツールMobmapも用意されていて、人の動きをわかりやすく眺めたり・解析したりすることができます（図1）。

　今回は、疑似人流データをPython/Jupyter Notebookで読み込み、街を動

注1）　**URL** https://nightley.jp/archives/1954/

▼図1　Mobmapを使った疑似人流データ可視化

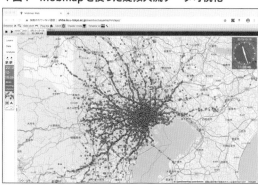

【疑似人流データ】
株式会社ナイトレイ
東京大学　柴崎・関本研究室
マイクロジオデータ研究会
人の流れプロジェクト
東京大学空間情報科学研究センター

き回る人々の動きを可視化して、さらに分析してみます。

疑似人流データを読み込みJupyter Notebook上で地図表示

疑似人流データは、特定地域における人々の動きについて、**表1**のような情報を並べたCSVファイルとして公開されています。そこで、Pythonコード[注2]（図2）を書いて、疑似人流データを読み込んでみます。

このコードは、2013年12月16日（月）のデータを読み込んで、午前7:00〜7:30の時間帯に含まれる「人々の位置」を抽出します。さらに、抽出された人々の位置を、Jupyterノートブック上で地図に重ねて表示するコードが**図3**です。

ipyleaflet[注3]というJupyter Notebookに地図表示機能を追加するライブラリを使うと、ほんの数行のコードを書くだけで、「地理情報に重ねて、人々がどこにいたか」を可視化できるようになります。朝のラッシュ時間、数え切れない人々が公共交通機関の経路の上に押し込まれ動いているようすを、場所や拡大率あるいは表示方法を替えながら、Jupyter Notebook上でインタラクティブに眺めるのはとても面白いものです。

▼表1　疑似人流データ記載項目
＊滞在中何をしているか（買い物や各種レジャーなど）

列	内容
1列	ユーザーID
2列	性別（推定値）
3列	日付・時刻
4列	緯度
5列	経度
6〜7列	滞在者カテゴリ＊（大分類・小分類）
8列	状態（滞在 or 移動）
9列	滞在者カテゴリID

注2）　コードはhumanGeoVisualizationディレクトリにあります。
注3）　`cond install -c cond-forge ipyleafee`でインストールします。

▼図2　疑似人流データを読み、条件に応じた人流情報を選択する

```
import numpy as np; import pandas as pd
import datetime as dt

# 疑似人流ファイルの読み込み
df = pd.read_csv( "2013-12-16.csv" )
df.iloc[:,2] = pd.to_datetime( df.iloc[:,2] )  # 日付・時刻       日時や緯度・経度情報
df.iloc[:,4] = df.iloc[:,4].astype(float)      # 経度：lat        を形式変換
df.iloc[:,3] = df.iloc[:,3].astype(float)      # 緯度：long
# 特定時間範囲の「人流情報」を抽出する
humans = df[ ( dt.datetime( 2013, 12, 16, 7, 0 ) < df.iloc[:, 2] ) &    条件
             ( df.iloc[:, 2] < dt.datetime( 2013, 12, 16, 7, 30 ) )]     抽出
```

▼図3　Jupyter Notebook上に地図を表示し、さらに疑似人流データから抽出した「人の位置」を表示する

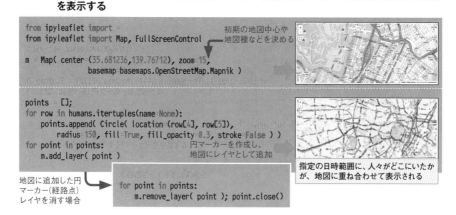

```
from ipyleaflet import
from ipyleaflet import Map, FullScreenControl    初期の地図中心や
                                                 地図種などを決める
m = Map( center=(35.681236,139.76712), zoom=15,
            basemap=basemaps.OpenStreetMap.Mapnik )

points = [];
for row in humans.itertuples(name=None):
    points.append( Circle( location=(row[4], row[5]),
        radius=150, fill=True, fill_opacity=0.3, stroke=False ) )
for point in points:                     円マーカーを作成し、
    m.add_layer( point )                 地図にレイヤとして追加

                                         指定の日時範囲に、人々がどこにいたか
                                         が、地図に重ね合わせて表示される
地図に追加した円
マーカー（経路点）    for point in points:
レイヤを消す場合        m.remove_layer( point ); point.close()
```

　また、データの抽出条件を変えて、「郊外・都心間で人々が移動する道ができた昼間の人流」や「新宿・池袋・渋谷……といった街に人が集まっていた夜の人流」を可視化した例が**図4**です。

　さらに、疑似人流データに記録されている「ユーザID」を使うことで、擬似的に「個々の人の動き」を追跡することもできます。**図5**のコード例は、特定の人（ユーザーID）がどのように街を移動したかを、地図上にアニメーション表示するものです。この例では、埼玉から湘南新宿ラインに乗って新宿に行き、新橋を経由してから、埼玉に帰る……という、ユーザの（擬似的な）1日の動きが示されています。

▼図4　2013年12月16日の「疑似人流データ」を地図上に可視化した例

郊外・都心に「道」ができる、昼の人流マップ

池袋

新宿

渋谷

新宿・池袋・渋谷…街に集まる夜の人流マップ

▼図5　特定の人（ユーザーID）が移動した経路をアニメーション表示する

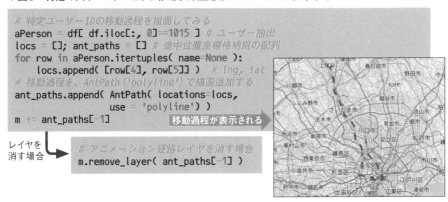

```
# 特定ユーザーIDの移動過程を描画してみる
aPerson = df[ df.iloc[:, 0]==1015 ] # ユーザー抽出
locs = []; ant_paths = [] # 途中位置座標格納用の配列
for row in aPerson.itertuples( name=None ):
    locs.append( [row[4], row[5]] )  # lng, lat
# 移動過程を、AntPath ('polyline') で描画追加する
ant_paths.append( AntPath( locations=locs,
                 use = 'polyline') )
m += ant_paths[-1]
```

移動過程が表示される

レイヤを消す場合

```
# アニメーション経路レイヤを消す場合
m.remove_layer( ant_paths[-1] )
```

　図6は、「その日・その時間に、人がたくさん集まっている場所」を、地図に重ねて描画するコード例です。すでに日時条件で抽出済みの「人々の緯度経度情報」に対して、Matplotlibを使って「2次元頻度分布（ヒストグラム）」を描くことで、人々の存在頻度を色画像としてJupyter Notebook上で地図に重ね合わせてインタラクティブに眺める、というものです。

≫ 聖なる週末、東京は夜の7時、男女が集まる場所の違い？

　疑似人流データでは、各ユーザがSNSに書き込んだ情報の内容や移動場所の特徴などから、そのユーザに対する性別推定も行われています。

　そこで、クリスマスが近い週末、2013年12月22日（日）の疑似人流データ（関東地域）を使い、聖なる週末の「東京は夜の7時」に、男女の性別ごとの「人々が集まりやすい場所」を分析してみます。といっても、必要な作業は、図2の「人流の条件抽出コード」を図7のように変えるだけです。それだけで、性別ごとの「人が存在する位置（クリスマスの週末、東京は夜7時）の頻度分布を描いて、地図上で眺めることができるようになります。

　東京都心近郊の「性別ごとの存在頻度分布」を眺めると（図8）、たとえば蔵前2丁目の「ダンデライオン・チョコレートファクトリー＆カフェ蔵前」近くには「女性が多く集っている」のに対し、男性はそれほど多くない、といった分析結果となります。

▼図6　特定条件（たとえば日時）に応じた「人々の位置頻度分布」を地図上に重ねインタラクティブ表示する

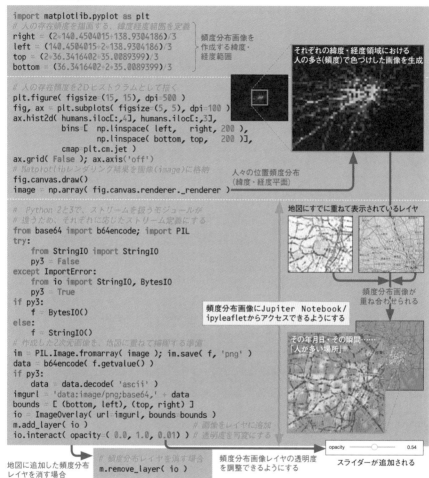

```
import matplotlib.pyplot as plt
# 人の存在頻度を描画する、緯度経度範囲を定義
right  = (2*140.4504015+138.9304186)/3          頻度分布画像を
left   = (140.4504015+2*138.9304186)/3          作成する緯度・
top    = (2*36.3416402+35.0089399)/3            経度範囲
bottom = (36.3416402+2*35.0089399)/3
```

それぞれの緯度・経度領域における
人の多さ（頻度）で色づけした画像を生成

```
# 人の存在頻度を2Dヒストグラムとして描く
plt.figure( figsize=(15, 15), dpi=500 )
fig, ax = plt.subplots( figsize=(5, 5), dpi=100 )
ax.hist2d( humans.iloc[:,4], humans.iloc[:,3],
           bins=[ np.linspace( left,   right, 200 ),
                  np.linspace( bottom, top,   200 )],
           cmap=plt.cm.jet )
ax.grid( False ); ax.axis('off')
# Matplotlibレンダリング結果を画像（image）に格納
fig.canvas.draw()
image = np.array( fig.canvas.renderer._renderer )
```

人々の位置頻度分布
（緯度・経度平面）

```
#  Python 2と3で、ストリームを扱うモジュールが
# 違うため、それぞれに応じたストリーム定義にする
from base64 import b64encode; import PIL
try:
    from StringIO import StringIO
    py3 = False
except ImportError:
    from io import StringIO, BytesIO
    py3 = True
if py3:
    f = BytesIO()
else:
    f = StringIO()
# 作成した2次元画像を、地図に重ねて描画する準備
im = PIL.Image.fromarray( image ); im.save( f, 'png' )
data = b64encode( f.getvalue() )
if py3:
    data = data.decode( 'ascii' )
imgurl = 'data:image/png;base64,' + data
bounds = [ (bottom, left), (top, right) ]
io = ImageOverlay( url=imgurl, bounds=bounds )
m.add_layer( io )                # 画像をレイヤに追加
io.interact( opacity=( 0.0, 1.0, 0.01) ) # 透明度を可変にする
```

地図にすでに重ねて表示されているレイヤ

頻度分布画像が
重ね合わせられる

頻度分布画像にJupiter Notebook/
ipyleafletからアクセスできるようにする

その年月日・その瞬間……
「人が多い場所」

地図に追加した頻度分布
レイヤを消す場合

```
# 頻度分布レイヤを消す場合
m.remove_layer( io )
```

頻度分布画像レイヤの透明度
を調整できるようにする

opacity ──────○────── 0.54

スライダーが追加される

▼図7　人流情報の抽出条件を、さらに細かく設定（クリスマス週末に、自宅外の場所でたたずんでいる女性、など）

```
# 特定時間範囲の「人流情報」だけ抽出する（クリスマス週末）
humans = df[ ( df.iloc[:, 1] == 'female' ) &
             ( df.iloc[:, 5] != 'home' ) & (df.iloc[:, 7] == 'STAY' ) &
             ( dt.datetime( 2013, 12, 22, 18, 0 ) < df.iloc[:, 2] ) &
             ( df.iloc[:, 2] < dt.datetime( 2013, 12, 22, 22, 0 ) ) ]
```

自宅でなく、移動中でなく、指定日時期間に、そこで
「たたずんでいる」、特定性別の人の情報だけを選択

▼図8 クリスマス週末の夜、男性・女性が「たたずんでいた場所」

>> 人それぞれの移動地図、君も僕も毎日描いてる!

　陽が昇る前の朝早くから、昼間の時間が過ぎて、そして夜遅くに至るまで、時間を少しずつ進めながら「人々の動き」を眺めていると、いろんな発見があって、面白いものです。

　早朝の列車に乗り都心に向かう人たちもいれば、その逆方向、郊外へと移動していく人たちもいます。それぞれの人の動きが描きだす「毎日の地図」を、空高くから眺めていると、何かの発見ができる気もします。

　そしてまた、新型コロナウイルス感染症 (COVID-19) が全世界で猛威をふるった2020年以降、こうした人の動きがどのように変わるのか、あるいは変わらないのか……そんな地図を眺めたくなります。

Pythonで
東証株解析をしてみよう

右肩下がり時代の㊙株式投資術!東証株解析で資産約6万倍!?

≫≫≫ 高齢者人口や税金が上がり続ける令和時代

　現在の日本は、高齢者人口が増加し続けています。そうした中、社会保障などのために、1988年(昭和63年)12月に消費税法が成立します。その翌年の1989年、1月7日に「昭和」が終わり、翌日から「平成」が始まります。平成元年の4月1日から開始された消費税は、当初の税率3パーセントから、令和元年10月には10パーセントへと上がり続けています。

　ほぼ20年以上にわたって、日本の物価はほぼ横ばいです。その一方で、消費税が上がっていくのですから、出て行く金額ばかりが増えていくような気がします。

　……となれば、収入を増やす手段を何か作りたくなるはず。そこで、東京証券取引所で売買された株価推移を解析して、株売買で資産を増やす方法を見つけ出してみることにします。

≫≫≫ 昭和・平成・令和……35年間の東証株価推移を手に入れよう!

　まずは、東証で売買された株価情報をインターネット・サイトから手に入れましょう。具体的には、Webクローリングの可否を示すサイトのrobots.txt[注1]に"Allow"と記載されていた「株式投資メモ」[注2]から、東証に上場された全銘柄の個別株価データをダウンロードしてみます(クローリングを行うコード[注3]は図1)。このコードを走らせると、各銘柄の1983年からの毎日の株売買情報を、月ごとのCSVファイルとしてダウンロードして、さらにpandasのデータとして読み込みます。

注1)　**URL** https://kabuoji3.com/robots.txt
注2)　**URL** https://kabuoji3.com
注3)　コードは本書のサポートページを参照。tokyoStockMarketディレクトリにあります。

第 **8** 章　数学と分析の研究

▼図1　東京証券取引所の各銘柄のリストを読み込み、1983年1月～2019年の各銘柄の株価推移を入手するコード

「株式投資メモ」から、東証に上場された全銘柄の個別株価データの日ごと情報（1ヵ月分が1ファイル）をCSVテキストとして得る関数

```python
import requests
def getCSV( code, year ):
    try:
        response = requests.post( 'https://(中略)',
            data = { 'code': str( code ), 'year': str( year ) },
            headers = { 'referer': 'https://(中略)',
                "User-Agent": "Mozilla/5.0 (中略)",
                "Accept": "(中略)"} )
        if ( ',,,,,' in response.text ):
            return True, response.text
        else:
            return False, ''
    except:
        print( 'An error caused.' )
    return False, 'error'
```

「株価をダウンロードする実行」か、「全情報を読み込む実行」かを示すフラグ

呼び出し

```python
import numpy as np
import pandas as pd
import io, os, time
from datetime import datetime
isDownloaded = True; isDownloading = False
code_df = pd.read_excel('data_j.xls'); data = []
for index, row in code_df.iterrows():
    if row[ '33業種コード' ] != '-':
        code = row[ 'コード' ]; dfs = []
        for year in [year for year in range(1983, 2019+1)]:
            path = './stockprices_all/'+'{0}_{1}.csv'.format( code, year )
            if isDownloaded:
                if os.path.isfile( path ):
                    df = pd.read_csv( path, sep=",", header=1, encoding="shift-jis" )
                    for col in [ '始値', '高値', '安値', '終値', '出来高', '終値調整値' ]:
                        df[ col ] = df[ col ].astype( float )
                    df[ '日付' ] = [ datetime.strptime( date, '%Y-%m-%d' ) for date in df[ '日付' ]]
                    dfs.append( df )
            if isDownloading:
                time.sleep( 2 );print( '{} : {}'.format( code, year ) )
                status, csv = getCSV( code, year )
                if status:
                    with open( path, "w", encoding='shift-jis') as fileobj:
                        fileobj.write( csv )
        if isDownloaded:
            if len( dfs ) > 0:
                values = ( pd.concat( dfs, axis=0 ) ).reset_index( drop=True )
                data.append( { 'stock': row, 'values': values } )
```

すでにダウンロードされたCSVファイルすべてを、pandasのデータフレームとして読み込む

読み込まれた各銘柄の株価情報（pandasのデータフレーム）を配列に追加

▼図2　読み込んだ各銘柄の株価を時系列チャートに表示するコード

```python
import matplotlib.pyplot as plt

for datum in data:
    df = datum['values']
    x = df["日付"]; y = df["終値調整値"] / df["終値調整値"].mean()
    if datum['stock']['銘柄名'] == 'サイバーエージェント':
        plt.plot(x, y, linewidth = 0.5, color='red')
    elif datum['stock']['銘柄名'] == 'ミクシィ':
        plt.plot(x, y, linewidth = 0.5, color='blue')
    elif datum['stock']['銘柄名'] == 'クックパッド':
        plt.plot(x, y, linewidth = 0.5, color='green')
    elif datum['stock']['銘柄名'] == 'ヤフー':
        plt.plot(x, y, linewidth = 0.5, color='orange')
    elif datum['stock']['銘柄名'] == 'ＮＴＴドコモ':
        plt.plot(x, y, linewidth = 0.5, color='Magenta')
    else:
        plt.plot(x, y, linewidth = 0.0004, color='black')
```

≫≫ **「昭和・平成・令和のバブル」を振り返る！**

　ダウンロードしたファイルを読み込み、東証上場の全銘柄の株価推移について、各

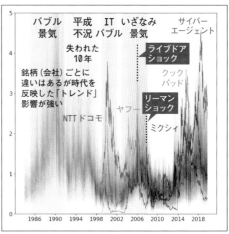

▼図3 東京証券取引所の上場株価推移(とその時代の経済状況)

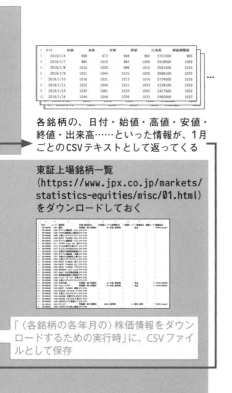

各銘柄の、日付・始値・高値・安値・終値・出来高……といった情報が、1月ごとのCSVテキストとして返ってくる

東証上場銘柄一覧
(https://www.jpx.co.jp/markets/statistics-equities/misc/01.html)
をダウンロードしておく

「(各銘柄の各年月の)株価情報をダウンロードするための実行時」に、CSVファイルとして保存

銘柄の期間内平均で正規化したうえで、時系列グラフとして描くPythonコードが図2、その結果が図3です。

　1985年(昭和60年)頃から1990年(平成元年)にかけての昭和のバブル景気や、その後の平成不況……いわゆる「失われた10年」。1999年(平成11年)から2000年にかけて、NTTドコモやヤフー

の株価が急騰したドットコム・バブル(ITバブル/ハイテクバブル)時代。そして、その後の2002年まで続く、ITバブル崩壊による「IT不況」での経済縮小。さらに、その後の経済復興を帳消しにしたリーマンショック。そしてまた、ミクシィ・クックパッド・サイバーエージェントといったインターネット企業の浮き沈みも、見えてきます。

　このグラフを眺めてわかることは、「買った株の価値(未来への期待)が上がっていくか、それとも下がるのか」ということは、買う銘柄よりも、「買う時代」に大きく左右される、ということです。株価が大幅に上昇する昭和最後のバブル時代なら、ほとんどの銘柄の株価が上がっていますし、バブルが崩壊して経済

▼図4　3日にわたる15分ごとの株価推移

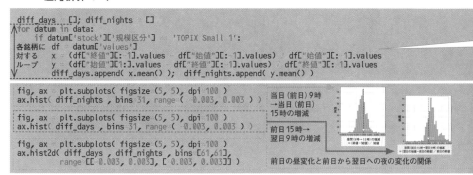

循環が縮小していく時期には、数少ない例外はあっても、大多数の銘柄が株価
を下げているのです。

　そしてまた、2018年以降、日本の株価は「また下降に転じている」というこ
ともわかります。今の私たちは、どうやら「右肩下がりの時代」に生きているよ
うです。

>>> 生きる時代は選べない。長期トレンドでなく短期差分に着目だ!

　人は、自分が「生きる時代」を選ぶことはできません。今を生きる人は、明治・
大正時代や昭和バブルに戻ることはできません。同じように、明治を生きた人
のほとんどは、令和の先を生きることはできません。

　景気が大きく上昇するわけでない、それどころか、むしろ下降していくかも
しれない今の時代、株収益を得るにはどうしたら良いでしょう?

▼図5　「日内の株価段差（始値と同日終値の差）」と「日をまたぐ株価段差（前日終値と翌日始値の
　　　差）」計算コード

```
diff_days = []; diff_nights = []
for datum in data:
    if datum['stock']['規模区分'] == 'TOPIX Small 1':
        df = datum['values']
        x = (df["終値"][:-1].values - df["始値"][:-1].values) / df["始値"][:-1].values
        y = (df["始値"][1:].values - df["終値"][:-1].values) / df["終値"][:-1].values
        diff_days.append( x.mean() ); diff_nights.append( y.mean() )
```

```
fig, ax = plt.subplots( figsize=(5, 5), dpi=100 )
ax.hist( diff_nights , bins=31, range=( -0.003, 0.003 ) )
```
当日（前日）9時
→当日（前日）
15時の増減

```
fig, ax = plt.subplots( figsize=(5, 5), dpi=100 )
ax.hist( diff_days , bins=31, range=( -0.003, 0.003 ) )
```
前日15時→
翌日9時の増減

```
fig, ax = plt.subplots( figsize=(5, 5), dpi=100 )
ax.hist2d( diff_days , diff_nights , bins=[61,61],
           range=[[-0.003, 0.003], [-0.003, 0.003]] )
```
前日の昼変化と前日から翌日への夜の変化の関係

　未来を先読みして「成長しそうな事業企業」に投資するとか、企業の経営情報をいち早く入手するといった正攻法は、才能やインサイダー的なコネクションでも無ければ、実現することはできません[注4]。

　全体的に景気が悪化していくということは、株価が平均的には下落する「ゆっくりとしたトレンド」がある、ということになります。そんな低周波の右肩下がりのトレンドが存在している時に、「平均的に」利益を得るためには、トレンドの影響を受けない「短期の差分を使った売買」が必要になります。

≫≫≫ 「前日と翌日間の株価ジャンプ」で利ざやを稼ぐ?

　そこで、一銘柄にはなりますが、「分単位～日単位」くらいの株価推移を眺めてみた例が**図4**です。眺めて気づくことは、ランダムウォークのように上下する株価が、前日と翌日の間で「飛んでいる、ギャップがある」ということです。それに加えて、この例だけかもしれませんが、

注4）インサイダー取引はそもそも違法ですが……

TOPIX Small 1に属する東証銘柄に対して、全期間にわたった平均の「昼間（9時→15時）の増減」「夜間（前日15時→翌日9時）の増減」を算出する

グラフの詳細は図6参照

▼**図6** 「日内の株価段差（始値と同日終値の差）」と「日をまたぐ株価段差（前日終値と翌日始値の差）」可視化結果

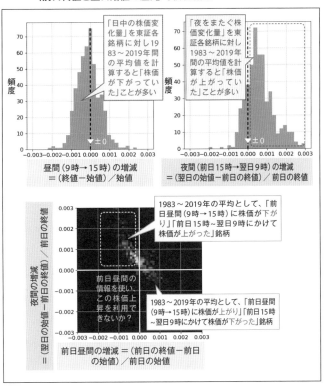

日(夜)をまたぐと「株価が上昇する方向に動いている」ようにも見えます。

この傾向が、一般的に成立するかを確認するために、東証Small 1に属する全銘柄に対して、分析をしてみることにします。全期間にわたる「日内の株価段差(始値と同日終値の差)」と「日をまたぐ株価段差(前日終値と翌日始値の差)」の平均値を算出して、その分布や関係を眺めてみるのです(コード：図5、結果例：図6)。

図6のヒストグラムを眺めると、「夜間の株価推移(前日終値→翌日始値)は明らかに上がる傾向がある」、そして「日中の株価推移(始値から終値)には若干下がる傾向がある」ということがわかります。さらに、前日日中の株価推移と、翌日にかけての夜間の株価推移は反比例[注5]していることもわかります。

>>> 約40年間の株売買シミュレーションをしてみる

このような傾向を頼りに、「もし、前日の昼間の始値から終値にかけて株価が下がった場合には、終値(あたり)で株を買い、翌日の始値(あたり)で株を

注5) 期間を通して株価が一定に近いので、昼と夜の増減を平均値で眺めると、反比例関係が生じているように見えるのでしょうか?

▼図7　前日の日中推移を判断材料にした「前日終値から翌日始値の"株価上昇"」を使う株売買シミュレーションコード／計算結果

```
trials = []          1983年1月を起点に、各銘柄の売買シミュレーション履歴を格納
for datum in data:
    if datum['stock']['規模区分'] == 'TOPIX Small 1':
        val = pd.DataFrame([], columns['日付', '累積乗積値'])
        df = datum['values']; isFirst = True
        for i in df.index.values:          最初に購入した株価を基準とするので、初期資産を1とする
            if isFirst:
                val = val.append( pd.DataFrame([ df['日付'][i],
                    1.0], index=val.columns).T ); isFirst = False
            else:
                if (df["終値"][i-1] - df["始値"][i-1]) df["始値"][i-1] < -0.0005:
                    y = 1.0-(df["始値"][i] - df["終値"][i-1]) / df["終値"][i-1]
                    val = val.append( pd.DataFrame([ df['日付'][i],
                        val.iloc[-1]['累積乗積値'] * y], index=val.columns).T )
                else:
                    val = val.append( pd.DataFrame([ df['日付'][i],
                        val.iloc[-1]['累積乗積値']], index=val.columns).T )
        trials.append( {'time':val['日付'], 'val':val['累積乗積値'] } )

plt.yscale('log')                     各銘柄に対する、売買シミュレーション履歴を描画する
for trial in trials:
    plt.plot( trial['time'], trial['val'], linewidth = 0.08 , color='black')

results = []
for trial in trials:
    results.append( trial['val'].iloc[-1] )
ax.hist( results, bins np.logspace( -3, 8, 50 ), facecolor='green',
    alpha=0.75, orientation="horizontal"); ax.set_yscale('log')
```

前日日中の「終値ー始値」を基準に、夜間を境に売買するかを判断する

最終時点の資産分布(開始時点に対する倍率)をヒストグラム描画

売る。入ったお金を元手にして、売買を以降も続ける」ということを行った場合の資産運用を、東証Small 1全銘柄でシミュレーションしてみました。

東証株を売買するシミュレーションPythonコードと結果例が**図7**です。スタート時点、1983年（昭和58年）1月から、ゴール時点の2019年（令和元年）の10月まで、資産の変化率の最頻値は1倍あたり（つまり最初とあまり変わらない）、というものです。そして、中央値では約4倍、平均値ではなんと6万倍も資産が増加する！という結果が得られています。

該当期間の株価トレンドは、「上下動はあったものの、株価は大して変わらなかった」にもかかわらず、「前日から翌日の株価ジャンプ」を利用することで、平均値では資産を大きく増やすことができた……という結果が得られました。

≫≫ 昭和から平成経由で令和へ進む、次の時代に期待する

「朝に株価が上がる傾向がある」理由は、どこから来るのでしょうか？……もしかしたら、人という生物は基本的に前向きなDNAを持っているのかもしれません。次の朝を迎えるたびに、少し楽観的になって、未来の価値・可能性を高く感じとり、そこに投資をしたくなる遺伝子を備えているのかもしれません。

株価グラフだけ見れば、景気はこれから下向きになっていくようにも見えます。そうであったとしても、昭和から平成経由で令和へと進む次の時代には、何だか期待したくなるようにも思います。そして、たとえ右肩下がりの時代であったとしても、「朝には未来への期待値が上がる株価傾向」を使いこなせば、資産を増やしていくこともできるかもしれません。

縦軸：開始時点に対する資産倍率

最終時点（2019年10月末）分布

バブル景気　いざなみ景気
平成不況
失われた10年

最終時点（2019年10月末）の平均は、中央値（np.median）で約4倍、平均値（np.mean）は約6万倍！

リーマンショック
ライブドアショック

開始時点と同じ資産量

1983 1988 1966 2004 2012 2020
各銘柄に対する売買シミュレーション履歴

最頻値は1倍あたり、つまり最初とあまり変わらない。ただし、縦軸は対数軸であることには注意する

　さまざまなジャンルの題材、もしかしたら何冊かに分けてもいいほど
の複数分野にわたる内容を、楽しんでいただけたでしょうか?

　読み終えた方なら、もう気づかれていることでしょう。「おや?　全然
違う分野の異なる題材なのに、使われているPythonコードはどれも同じ
ように見えるぞ?　コピぺっぽく完全に同じコードが使われていたりもす
る部分もある……。そうか、プログラミングコードや技術は、分野によ
らず共通なんだ!」

　「はじめに」の最後に書いた「Pythonプログラミング×知識や科学=何
でもできる」という方程式は、当然の真理です。なぜかといえば、プログ
ラミングや知識や科学のいずれもが、あらゆる対象に対して共通に使う
ことができるものだから。そうであるならば、そんな全能の左辺を手に
入れさえすれば、右辺=「何でもできる」ようになるのも当然の話です。

　本書は、Software Design誌に、2018年6月号から2020年5月号まで
2年間にわたり連載した記事を原型にしたものです。時代が平成から令
和へとバトンタッチされながら進んでいく毎月に書いた、プログラムや
解説文が下書きになります。

　今、内容を振り返ると、「自分の目では見ることができない不可視なも
のを、少しの道具とソフトウェアの力で可視化したい」「手に入る限られ
た情報から、科学原理を使うことで、より正確な今現在の世界を正確に
捉え、未来の世界を予測したい」「次の未来を実感したい」というようなも
のだったように思います。

　どんな分野であったとしても、あなたが「できるかな?」「やってみたいな。」
といつか未来に思ったときに、何か少しでも役立つことができれば良いな、
と心から思います。

INDEX ≫ 索引

189

■著者プロフィール

平林 純（ひらばやし じゅん）

Twitter@hirax　http://www.hirax.net/　http://hirabayashi.wondernotes.jp/

京都大学大学院理学研究科修了。画像処理技術関連の開発やコンサルティング、科学実験サポートなどを行っている。日本画像学会フェロー。
著書に『信長もビックリ!?　科学でツッコむ日本の歴史〜だから教科書にのらなかった〜(集英社)』『論理的にプレゼンする技術[改訂版]聴き手の記憶に残る話し方の極意(SBクリエイティブ)』『思わず人に話たくなる「確率」でわかる驚きの日本(監修／廣済堂出版)』『史上最強科学のムダ知識(技術評論社)』など多数。また、「タモリ倶楽部」「世界一受けたい授業」「明石家電視台」など、数多くのテレビ番組にも出演。

■Staff

本文設計・組版・編集 ＞ マップス　石田 昌治

装丁 ＞ TYPEFACE

カバーイラスト ＞ 深川 直美

担当 ＞ 池本 公平

Webページ ＞ https://gihyo.jp/book/2020/978-4-297-11637-8
※本書記載の情報の修正・訂正については当該Webページで行います。

なんでもPythonプログラミング
平林万能IT技術研究所の
奇妙な実験

2020年10月14日　初版　第1刷発行
2021年 1月 9日　初版　第2刷発行

著　　　者　　平林 純
発　行　者　　片岡 巌
発　行　所　　株式会社技術評論社
　　　　　　　東京都新宿区市谷左内町21-13
　　　　　　　電話　03-3513-6150　販売促進部
　　　　　　　　　　03-3513-6170　雑誌編集部
印刷／製本　　日経印刷株式会社

●お問い合わせについて

・ご質問は、本書に記載されている内容に関するものに限定させていただきます。本書の内容と関係のない質問には一切お答えできませんので、あらかじめご了承ください。

・電話でのご質問は一切受け付けておりません。FAXまたは書面にて下記までお送りください。また、ご質問の際には、書名と該当ページ、返信先を明記してくださいますようお願いいたします。

・お送りいただいた質問には、できる限り迅速に回答できるよう努力しておりますが、お答えするまでに時間がかかる場合がございます。また、回答の期日を指定いただいた場合でも、ご希望にお応えできるとは限りませんので、あらかじめご了承ください。

■問合せ先

〒162-0846
東京都新宿区市谷左内町21-13
株式会社技術評論社　雑誌編集部
「なんでもPythonプログラミング
平林研究所」係
FAX　03-3513-6179